机械产品
检测与质量控制

▶▶　第三版

双色
印刷

易宏彬　主编
李　琼　戴继明　夏　凯　陈至欢　副主编
何忆斌　主审

JIXIE CHANPIN
JIANCE YU
ZHILIANG KONGZHI

化学工业出版社

·北京·

内容简介

本书针对职业院校机械类、材料类及相关专业的培养目标和对毕业生的基本要求，并结合高职院校实际情况编写。书中内容包括机械产品尺寸精度的检测、形状和位置精度的检测、表面粗糙度的检测、常用结合件的检测、检测新技术简介、典型零件检测与质量控制等。

本书突出对学生的能力培养，遵循教学以应用为主的原则，注意加强实用性内容。全书采用了最新的国家标准，内容尽可能做到少而精，表述上力求通俗、新颖，方便读者自学。为方便教学，本书配套了视频动画等资源，读者可扫描书中的二维码观看学习。另外本书配套电子课件，可赠送给用本书作为授课教材的院校和老师，如果需要，可登录 www.cipedu.com.cn 下载。

本书可作为高等职业院校、成人高校、中等职业技术学校相关专业的教材，也可作为培训机构用书，并可供相关工程技术人员参考使用。

图书在版编目（CIP）数据

机械产品检测与质量控制/易宏彬主编. —3 版. —北京：化学工业出版社，2022.6

国家级精品课程配套教材　"十二五"职业教育国家规划教材　经全国职业教育教材审定委员会审定

ISBN 978-7-122-41114-3

Ⅰ．①机… Ⅱ．①易… Ⅲ．①机械工业-产品质量-质量检验-高等职业教育-教材②机械工业-产品质量-质量控制-高等职业教育-教材 Ⅳ．①TH-43

中国版本图书馆 CIP 数据核字（2022）第 052833 号

责任编辑：韩庆利　　　　　　　　　　装帧设计：史利平
责任校对：王　静

出版发行：化学工业出版社（北京市东城区青年湖南街 13 号　邮政编码 100011）
印　　刷：三河市航远印刷有限公司
装　　订：三河市宇新装订厂
787mm×1092mm　1/16　印张 10¾　字数 268 千字　2022 年 8 月北京第 3 版第 1 次印刷

购书咨询：010-64518888　　　　　　　售后服务：010-64518899
网　　址：http://www.cip.com.cn
凡购买本书，如有缺损质量问题，本社销售中心负责调换。

定　　价：34.00 元

　　《机械产品检测与质量控制》自第一版出版以来，作为国家级精品课程配套教材，以"任务驱动"为主线，融"教、学、做"为一体，通过理实一体化的教学模式，有效提高了学生在机械产品检测和质量控制方面的实践能力，受到广大专业教师及企业同仁的青睐。第二版修订出版之后，被教育部遴选为"十二五"职业教育国家规划教材，在国内不少职业院校中使用，产生了较大的反响。编者认真总结了近几年的教学经验和反馈意见，在参考大量相关文献和标准的基础上，融入全国职业教育"双高计划"的建设成果，以及全国课程思政示范课程及教学名师团队的应用成果，对教材进行了认真修订。

　　本书针对高职机械类、材料类、汽车类专业群的培养目标和对毕业生的基本要求，结合高职院校实际情况，在编写中遵循了教学以应用为主的原则，突出对学生的能力培养。本着理论以必需、够用为度，注意加强实用性内容，突出了常见几何参数公差要求的标注、查表、解释，以及对几何量的一般常见检测方法和数据处理内容，结合了常见的质量控制方法。全书采用了最新的国家标准，以项目式为引导，内容尽可能做到少而精，表述上力求通俗、新颖，结合国家级精品课程，既可方便读者自学，亦可实现线上线下混合式教学。

　　本书建议教学学时为60学时左右，其中项目一为16学时，项目二为20学时，项目三8学时，项目四为8学时，项目五为8学时，项目六为选学内容。

　　本书由湖南工业职业技术学院易宏彬任主编，李琼、戴继明、夏凯、陈至欢任副主编，王宏峰、葛毅、杨承阁、周云、王志辉、孙忠刚、龙凤凉、袁金海、刘媛媛、刘丹、肖扬、李宣宣、刘艳萍、李楷模、李强、罗永新（怀化学院）、杨静（长沙职业技术学院）、向东（湖南机电职业技术学院）、谢响明（邵阳职业技术学院）、曾光辉（益阳职业技术学院）、袁江（张家界航空职业技术学院）、王德云（常德职业技术学院）、高远亲（湖南科技工业职业技术学院）、赵显衡（长沙商贸旅游职业技术学院）、肖力（湖南铁路科技职业技术学院）参与编写。易宏彬负责全书的统稿和修改。全书由湖南工业职业技术学院何忆斌教授主审。

　　为方便教学，本书配套了视频动画等资源，读者可扫描书中的二维码观看学习。另外本书配套电子课件，可赠送给用本书作为授课教材的院校和老师，如果需要，可登录www.cipedu.com.cn下载。

　　限于编者水平，书中难免有不妥之处，恳请广大读者批评指正。

编　者

参考文献

项目一
尺寸精度的检测

素质目标

① 培养学生有精度意识和对机械零件检测的好奇心与求知欲。
② 培养学生主动查阅资料的好习惯。
③ 培养学生精益求精的大国工匠精神。
④ 激发学生科技报国的家国情怀和使命担当。

知识目标

① 掌握有关尺寸、偏差、公差、配合的基本概念。
② 掌握极限与配合国家标准的组成与特点；熟练绘制公差带图，正确进行有关计算。
③ 正确选用极限与配合，包括配合制、公差等级、配合类型等。
④ 了解线性尺寸的一般公差的有关规定。

能力目标

① 具备孔类尺寸的检测能力。
② 具备轴类尺寸的检测能力。

塞规—动画

游标卡尺
测量—动画

任务 1　孔类尺寸的检测

任务描述

　　孔通常与运动着的轴颈或活塞等零件相配合，主要起支承和导向的作用。根据生产批量大小、孔径精度高低和孔径尺寸的大小等因素，可采用不同的检测方法。成品生产的孔，一般用光滑极限量规检测；中、低精度的孔，通常采样游标卡尺、内径千分尺、杠杆千分尺等进行绝对测量，或用百分表、千分表、内径百分表等进行相对测量；高精度的孔则用机械比较仪、气动量仪、万能测长仪或电感测微仪等仪器进行测量。检测任务如图 1-1 所示。

任务实施

　　以图 1-1 齿轮泵泵盖为例，介绍用内径百分表检测孔径的方法。
　　内径百分表由百分表和装有杠杆系统的测量装置组成，是一种用比较法测量孔径的精密量具，可用于测量 6～1000mm 的孔径，特别适合测量深孔。

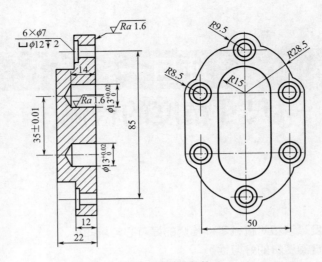

图 1-1　齿轮泵泵盖

内径百分表的技术指标如下：刻度值 0.01mm，指示范围 0～10mm；测量范围 6～10mm，10～18mm，18～35mm，35～50mm，50～100mm，100～160mm，160～250mm，250～450mm 等。内径百分表是用它的可换测头（测量中固定不动）和活动测头与被测孔壁接触进行测量的。仪器盒内有几个长短不同的可换测头，使用时可按被测尺寸的大小来选择。测量时，将量仪测头放入被测孔内，活动测头产生轴向位移，使等臂杠杆回转，并通过传动杆推动百分表的测杆位移，从百分表上读取数据。定位装置在弹簧的作用下，对称地压靠在被测孔壁上，使得测头的轴线位于被测孔的直径上。

测量步骤如下。

① 选取可换测头。根据被测孔径的公称尺寸 ϕ13mm，选取可换测头（10～18mm）拧入内径百分表的螺孔中锁紧。

② 内径百分表调零。内径百分表的调零可用组合量块、标准环规、外径千分尺等。

③ 测量内径。将已调零的内径百分表放入被测孔中，轻轻摆动内径百分表，记下百分表指针相对零刻线偏离的最大值。沿被测孔的轴线方向测几个截面，每个截面在相互垂直的两个方向各测一次，记下测量读数。

④ 数据处理。根据测得的尺寸偏差，被测尺寸的公差要求及验收极限，判断孔径尺寸的合格性。

任务 2　轴类尺寸的检测

📋 任务描述

轴主要用来支承旋转零件，传递转矩，保证转动零件具有一定的回转精度和互换性。轴颈是轴与轴上零件相接触的面，具有一定的互换性和精度，有较高的技术要求。测量轴径的常用方法有立式光学计测轴径和机械比较仪测轴径等。检测任务如图 1-2 所示。

✖ 任务实施

图 1-2 所示为齿轮油泵的传动轴，选用立式光学计测轴径 ϕ35k6。立式光学计是一种精度较

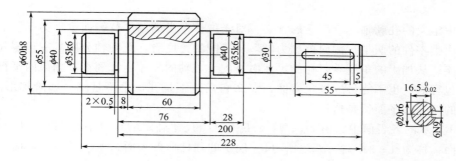

图 1-2　传动轴

高而结构简单的常用光学量仪，用量块作为测量基准，按比较测量法来测量各种工件的外尺寸。

测量步骤如下。

① 根据被测工件形状，正确选择测头装入测杆中。测量时被测工件与测头的接触面必须最小，测量圆柱形时使用刀口形测头，测量平面时使用球形测头，测量球形时使用平面测头。

② 按被测的公称尺寸组合量块。

③ 调整仪器零位。将量块组置于工作台上，与台面推合，并使测头对准量块的上测量面中心。调整仪器使刻度尺的零线影像与指示线重合。

④ 将被测轴颈放在工作台上进行测量。在沿轴向的三个截面、两个相互垂直的方向上共测量六次，记下数据。

⑤ 处理数据，根据轴颈的尺寸公差要求判断是否合格。

🌱 知识拓展

光滑圆柱体结合是机械产品中最广泛采用的一种结合形式，通常指孔与轴的结合。为使加工后的孔与轴能满足互换性要求，必须在结构设计中统一其公称尺寸，在尺寸精度设计中采用极限与配合标准。因此，圆柱结合的极限与配合标准是一项最基本、最重要的标准。

互换性
—微课

相关的国家标准如下：

GB/T 1800.1—2020《产品几何技术规范（GPS）　线性尺寸公差 ISO 代号体系　第 1 部分：公差、偏差和配合的基础》；

GB/T 1800.2—2020《产品几何技术规范（GPS）　线性尺寸公差 ISO 代号体系　第 2 部分：标准公差带代号和孔、轴的极限偏差表》；

GB/T 1803—2003《极限与配合　尺寸至 18mm 孔、轴公差带》；

GB/T 1804—2000《一般公差　未注公差的线性和角度尺寸的公差》；

GB/T 24637.1—2020《产品几何技术规范（GPS）通用概念　第 1 部分：几何规范和检验的模型》；

GB/T 38762.1—2020《产品几何技术规范（GPS）　尺寸公差　第 1 部分：线性尺寸》。

一、尺寸的概念

1. 孔和轴

除了圆柱形内外表面的轴和孔，还有其他形式的表面也定义为轴和孔。

孔通常指工件的圆柱形内表面，也包括非圆柱形内表面（由两平行平面或切面形成的包容面）。

轴通常指工件的圆柱形外表面，也包括非圆柱形外表面（由两平行平面或切面形成的被包容面）。

标准中定义的孔和轴具有广泛的含义，对于像槽一类的两平行侧面也称为孔，而在槽内安装的滑块类零件的两平行侧面被称为轴。从装配的角度看，孔和轴分别具有包容面和被包容面的功能；从加工的角度看，孔的尺寸由小到大，轴的尺寸由大到小。如果两平行平面既不能形成包容面，也不能形成被包容面，那么它们既不是孔，也不是轴。如阶梯形的零件，其每一级的两平行平面便是这样。

图 1-3 所示的各表面中，由 D_1、D_2、D_3、D_4 尺寸确定的各组平行平面或切面所形成的是包容面，称为孔；由 d_1、d_2、d_3 尺寸确定的圆柱形外表面、平行平面或切面所形成的是被包容面，称为轴；由 L_1、L_2、L_3 尺寸确定的各平行平面或切面既不是包容面也不是被包容面，故不称为孔或轴，可称为长度。

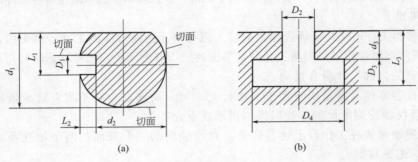

(a)　　　　　　　　　　(b)

图 1-3　轴与孔

2. 尺寸

尺寸是指以特定单位表示线性尺寸值的数值。线性尺寸值包括直径、半径、宽度、深度、高度和中心距等。机械图样上的尺寸通常以 mm 为单位，在标注时省略单位，仅标数值。

3. 公称尺寸

公称尺寸是在设计中根据强度、刚度、工艺、结构等不同要求来确定的。公称尺寸是尺寸精度设计中用来确定极限尺寸和偏差的一个基准，并不是实际加工要求得到的尺寸，其数值应优先选用标准直径或标准长度。用 D、d 分别表示孔和轴的公称尺寸。

4. 实际尺寸

实际尺寸（D_a、d_a）是指通过测量所得的尺寸。由于存在测量误差，实际尺寸并非尺寸真值。由于形状误差的影响，同一轴截面内，不同部位实际尺寸不一定相等，同一横截面内，不同方向的实际尺寸也可能不等。如图 1-4 所示。

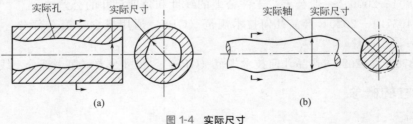

(a)　　　　　　　　　　(b)

图 1-4　实际尺寸

5. 极限尺寸

允许尺寸变化的两个界限值称为极限尺寸。其中较大的称为上极限尺寸（D_{max}、d_{max}），较小的称为下极限尺寸（D_{min}、d_{min}）。

极限尺寸是根据设计要求以公称尺寸为基础给定的，是用来控制实际尺寸变动范围的。孔的尺寸合格条件为 $D_{min} \leqslant D_a \leqslant D_{max}$；轴的尺寸合格条件为 $d_{min} \leqslant d_a \leqslant d_{max}$。

二、偏差、公差的概念

1. 尺寸偏差

尺寸偏差是某一尺寸（实际尺寸、极限尺寸等）减其公称尺寸所得的代数差。孔用 E 表示，轴用 e 表示。

（1）实际偏差　是实际尺寸减其公称尺寸所得的代数差。

孔的实际偏差

$$E_a = D_a - D$$

轴的实际偏差

$$e_a = d_a - d$$

（2）极限偏差　是极限尺寸减其公称尺寸所得的代数差，其中上极限尺寸减其公称尺寸所得的代数差称为上极限偏差（ES、es），下极限尺寸减其公称尺寸所得的代数差称为下极限偏差（EI、ei）。

孔的极限偏差

$$ES = D_{max} - D$$
$$EI = D_{min} - D$$

轴的极限偏差

$$es = d_{max} - d$$
$$ei = d_{min} - d$$

误差与公差
—微课

偏差可能是正、负或零值，分别表示其尺寸大于、小于或等于公称尺寸。书写或标注时，不为零的偏差值，必须带上相应的"＋""－"号，偏差为零时，"0"不能省略。

标准规定：在图样和技术文件上标注极限偏差时，上极限偏差标在公称尺寸右上角，下极限偏差标在公称尺寸右下角，如 $\phi 20^{0}_{-0.013}$、$\phi 35^{+0.025}_{+0.009}$，当上、下极限偏差数值相等而符号相反时，则对称标注，如 $\phi 25 \pm 0.0065$。

公差带图
—动画

2. 尺寸公差

允许的尺寸变动量称为尺寸公差，简称公差。

孔的公差

$$T_D = D_{max} - D_{min} = ES - EI$$

轴的公差

$$T_d = d_{max} - d_{min} = es - ei$$

公差与偏差是两个不同的概念。公差大小决定允许尺寸变动范围的大小，公称尺寸相同，公差值越大，工件精度越低，越容易加工。反之，工件精度高，难加工。极限偏差决定极限尺寸相对公称尺寸的位置，从工艺看，一般不反映加工难易程度，只表示加工时机床的调整位置（如车削时进刀位置）。

尺寸公差带
的画法—
微课

3. 尺寸公差带图

为了直观、方便，在研究公差和配合时，常用到公差带图这一非常重要的工具。公差带图由零线和公差带组成。由于公差或偏差比公称尺寸的数值小很多，在图中不便用同一比例表示，为了简化，也不画出孔、轴的结构，只画出放大的孔、轴公差区域和位置，采用这种表达方法的图形称为尺寸公差带图（图1-5）。

在公差带图中，零线是表示公称尺寸的一条直线，以其为基准确定偏差和公差。通常零线沿水平方向绘制，正偏差位于其上，负偏差位于其下。公差带图中，偏差以 mm 为单位，可省略不标，以 μm 为单位，则必须注明。

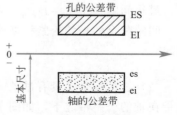

图1-5　尺寸公差带图

在公差带图中，上、下极限偏差之间的宽度表示公差带的大小，即公差值，此值由标准公差确定。

公差带相对于零线的位置由基本偏差确定。基本偏差数值通常是靠近零线的那个极限偏差，基本偏差数值均已标准化。

在国家标准中，公差带图包括了"公差带大小"和"公差带位置"两个参数。

例 1-1　作出孔 $\phi25H7$（$^{+0.021}_{0}$）和轴 $\phi25f6$（$^{-0.021}_{-0.033}$）的公差带图。

配合公差带
图的画法—
微课

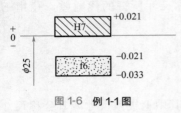

图 1-6　例 1-1 图

解

① 作零线，在其左端标上"0、+、−"号，在零线的左下方画出带箭头的公称尺寸线，并标出公称尺寸 $\phi25$。

② 选择合适比例，画出公差带。公差带沿零线方向的长度可适当选取，无实际意义。为了区分孔、轴公差带，孔的公差带画剖面线，轴的公差带涂黑，并标出公差带代号和上、下极限偏差。一般将极限偏差直接标在公差带的附近，如图 1-6 所示。

三、配合的概念

配合是指公称尺寸相同的相互结合的孔和轴的公差带之间的关系。

1. 间隙与过盈

孔的尺寸减去相配合的轴的尺寸，所得的代数差为正时，称为间隙，用 X 表示；所得的代数差为负时，称为过盈，用 Y 表示。

2. 配合类型

（1）间隙配合　具有间隙（包括最小间隙等于零）的配合称为间隙配合。此时，孔的公差带在轴的公差带之上，如图 1-7 所示。

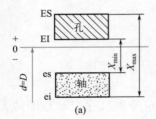
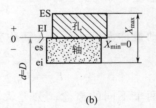

图 1-7　间隙配合

由于孔和轴都有公差带，因此装配后每对孔和轴间的实际间隙的大小随孔和轴的实际尺寸而变化。当孔制成最大极限尺寸、轴制成最小极限尺寸时，装配后得到最大间隙；当孔制成最小极限尺寸、轴制成最大极限尺寸时，装配后得到最小间隙。

最大间隙　$X_{max}=D_{max}-d_{min}=ES-ei$

最小间隙　$X_{min}=D_{min}-d_{max}=EI-es$

间隙配合的平均松紧程度称为平均间隙。

$$X_{av}=\frac{1}{2}(X_{max}+X_{min})$$

（2）过盈配合　具有过盈（包括最小过盈等于零）的配合称为过盈配合。此时，孔的公差带在轴的公差带之下，如图 1-8 所示。同样，实际过盈的大小也随着孔和轴的实际尺寸而变化。当孔制成最大极限尺寸、轴制成最小极限尺寸时，装配后得到最小过盈；当孔制成最小极限尺寸、轴制成最大极限尺寸时，装配后得到最大过盈。

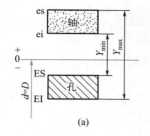
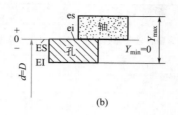

(a)　　　　　　　　　　(b)

图 1-8　过盈配合

最小过盈　　　　　　　　　　$Y_{\min}=D_{\max}-d_{\min}=\mathrm{ES}-\mathrm{ei}$

最大过盈　　　　　　　　　　$Y_{\max}=D_{\min}-d_{\max}=\mathrm{EI}-\mathrm{es}$

平均过盈是最大过盈与最小过盈的平均值。

$$Y_{\mathrm{av}}=\frac{1}{2}(Y_{\max}+Y_{\min})$$

（3）过渡配合　可能具有间隙或过盈的配合称为过渡配合。此时，孔的公差带与轴的公差带交叠，如图 1-9 所示。过渡配合中，每对孔和轴间的间隙或过盈也是变化的。当孔制成上极限尺寸、轴制成下极限尺寸时，配合后得到最大间隙；当孔制成下极限尺寸、轴制成上极限尺寸时，配合后得到最大过盈。

公差带配合
图一动画

最大间隙　　　　　　　　　　$X_{\max}=D_{\max}-d_{\min}=\mathrm{ES}-\mathrm{ei}$

最大过盈　　　　　　　　　　$Y_{\max}=D_{\min}-d_{\max}=\mathrm{EI}-\mathrm{es}$

过渡配合的平均松紧程度，可能是平均间隙，也可能是平均过盈。当最大间隙与最大过盈的平均值为正，则为平均间隙；为负则为平均过盈。

$$Y_{\mathrm{av}}(X_{\mathrm{av}})=\frac{1}{2}(X_{\max}+Y_{\max})$$

三种配合一
动画

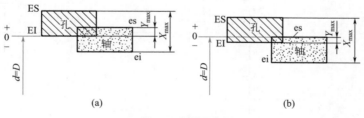

(a)　　　　　　　　　　(b)

图 1-9　过渡配合

3. 配合公差（T_{f}）

在配合中，允许间隙或过盈的变动量称为配合公差。配合公差是设计人员根据相配件的使用要求而确定的。对一具体的配合，配合公差越大，配合时形成的间隙或过盈的变化量就越大，配合后松紧变化程度就越大，配合精度就越低。反之，配合精度高。因此要想提高配合精度，就要减小孔、轴的尺寸公差。

$$\left.\begin{array}{ll}\text{在间隙配合中} & T_{\mathrm{f}}=|X_{\max}-X_{\min}| \\ \text{在过盈配合中} & T_{\mathrm{f}}=|Y_{\min}-Y_{\max}| \\ \text{在过渡配合中} & T_{\mathrm{f}}=|X_{\max}-Y_{\max}|\end{array}\right\}=T_{\mathrm{D}}+T_{\mathrm{d}}$$

表 1-1 是间隙配合、过盈配合和过渡配合的实例综合比较。配合公差带图是用直角坐标表示相配合的孔与轴的间隙或过盈的变动范围的图形，0 坐标线上方表示间隙，下方表示过盈。

表 1-1　三种配合综合比较

项目	间隙配合	过盈配合	过渡配合
公差带关系	孔公差带在轴公差带之上	孔公差带在轴公差带之下	孔公差带与轴公差带交叠
实例	$\phi 60\,\dfrac{\text{H7}\left(^{+0.030}_{0}\right)}{\text{g6}\left(^{-0.010}_{-0.029}\right)}$	$\phi 60\,\dfrac{\text{H7}\left(^{+0.030}_{0}\right)}{\text{s6}\left(^{+0.072}_{+0.053}\right)}$	$\phi 60\,\dfrac{\text{H7}\left(^{+0.030}_{0}\right)}{\text{k6}\left(^{+0.021}_{+0.002}\right)}$
尺寸公差带图	（间隙配合公差带图：H7 +0.030～0，g6 -0.010～-0.029，$X_{\min}$、$X_{\max}$）	（过盈配合公差带图：s6 +0.072～+0.053，H7 +0.030～0，$Y_{\min}$、$Y_{\max}$）	（过渡配合公差带图：H7 +0.030～0，k6 +0.021～+0.002，$X_{\max}$、$Y_{\max}$）
最紧状态的极限盈隙	孔、轴均处于最大实体尺寸：$D_{\min}-d_{\max}=\text{EI}-\text{es}$		
	$X_{\min}=0-(-0.010)=+0.010$	$Y_{\max}=0-(+0.072)=-0.072$	$Y_{\max}=0-(+0.021)=-0.021$
最松状态的极限盈隙	孔、轴均处于最小实体尺寸：$D_{\max}-d_{\min}=\text{EI}-\text{es}$		
	$X_{\max}=+0.030-(-0.029)$ $=+0.059$	$Y_{\min}=+0.030-(+0.053)$ $=-0.023$	$X_{\max}=+0.030-(+0.002)$ $=+0.028$
平均间隙或平均过盈	$X_{av}=(X_{\min}+X_{\max})/2$	$Y_{av}=(Y_{\min}+Y_{\max})/2$	$X_{av}(Y_{av})=(Y_{\max}+X_{\max})/2$
配合公差 T_f	$\lvert X_{\max}-X_{\min}\rvert$	$\lvert Y_{\min}-Y_{\max}\rvert$	$\lvert X_{\max}-Y_{\max}\rvert$
		$T_f=T_D+T_d$	
配合公差带图	单位：μm（间隙配合：+59，+10；过盈配合：-23，-72；过渡配合：+28，-21）		

配合制—动画

四、配合制

为了实现互换性和满足各种要求，极限与配合国家标准对形成各种配合的公差带进行了标准化，规定了"标准公差系列"和"基本偏差系列"，前者确定公差带的大小，后者确定公差带的位置，两者结合构成了不同孔、轴公差带，而孔、轴公差带之间不同的相互位置关系则形成了不同的配合。经标准化的公差与偏差制度称为极限制，它是一系列标准化的孔、轴公差数值和极限偏差数值。配合制则是同一极限制的孔和轴组成配合的一种制度。极限与配合国家标准主要由配合制、标准公差和基本偏差等组成。

变更相互配合的孔、轴公差带的相对位置，可以组成不同性质、不同松紧的配合。但为简化起见，无需将孔、轴公差带同时变动，只要固定一个，变更另一个，便可满足不同使用性能要求的配合，且获得良好的技术经济效益。因此，机械与配合国家标准对孔、轴公差带之间的相互位置关系规定了两种配合制——基孔制配合和基轴制配合。

（1）基孔制配合　基本偏差为一定的孔的公差带，与不同基本偏差的轴的公差带形成各种配合的一种制度，称为基孔制配合，如图1-10（a）所示。

基孔制中的孔称为基准孔，用H表示，基准孔以下极限偏差为基本偏差，且数值为零。其公差带偏置在零线上侧。基孔制中的轴为非基准轴，由于有不同的基本偏差，使它们的公差带和基准孔公差带形成不同的相对位置。

（2）基轴制配合　基本偏差为一定的轴的公差带，与不同基本偏差的孔的公差带形成各种配合的一种制度，称为基轴制配合，如图1-10（b）所示。

基轴制中的轴称为基准轴，用h表示，基准轴以上极限偏差为基本偏差，且数值为零。其公差带偏置在零线下侧。基轴制中的孔为非基准孔，由于有不同的基本偏差，使它们的公差带和基准轴公差带形成不同的相对位置。

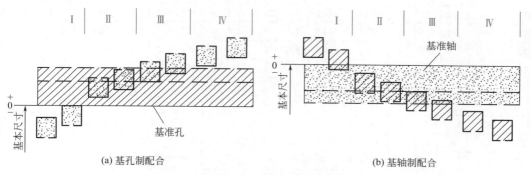

(a) 基孔制配合　　　　　　　　　　(b) 基轴制配合

图1-10　基孔制与基轴制

Ⅰ—间隙配合；Ⅱ—过渡配合；Ⅲ—过渡配合或过盈配合；Ⅳ—过盈配合

图1-10中所有孔轴公差带未封口者表示该位置待定，取决于公差值的大小；基准件公差画有两条虚线，一个表示精度较低，一个表示精度较高，当精度较高时，过渡配合将可能成为过盈配合，如$\phi25H7/n6$本为过渡配合，当高精度时$\phi25H6/n5$则为过盈配合。

五、标准公差与基本偏差系列

1. 标准公差系列

标准公差等级是指确定尺寸精确程度的等级。为了满足机械制造中各零件尺寸不同精度的要求，国家标准在公称尺寸至3150mm范围内规定了20个标准公差等级，代号用符号IT和数字组成，IT表示国际公差，数字表示公差（精度）等级。标准公差等级分IT01、IT0、IT1～IT18，共20级。其中IT01精度等级最高，其余依次降低，IT18精度等级最低。

在公称尺寸相同的条件下，其相应的标准公差数值随公差等级的降低而依次增大。同一公差等级、同一尺寸分段内各公称尺寸的标准公差数值是相同的。同一公差等级对所有公称尺寸的一组公差也被认为具有同等精确程度。

表1-2列出了国家标准规定的机械制造行业常用尺寸（公称尺寸至3150mm）的标准公差等级IT1～IT18的公差数值。在生产实践中，规定零件的尺寸公差时，应尽量按表1-2选用标准公差。

表1-2所列的标准公差是按公式计算后，根据一定规则圆整尾数后而确定的。表1-3列出了公称尺寸至500mm的标准公差计算公式。从表1-3可见，常用公差等级IT5～IT18，

其计算公式可归纳为一般通式：

$$IT = i\alpha$$

式中　IT——标准公差；

　　　i——公差单位，单位 μm；

　　　α——公差等级系数。

表 1-2　公称尺寸至 3150mm 的标准公差数值

公称尺寸 /mm		标 准 公 差 等 级																	
		IT1	IT2	IT3	IT4	IT5	IT6	IT7	IT8	IT9	IT10	IT11	IT12	IT13	IT14	IT15	IT16	IT17	IT18
大于	至	μm											mm						
—	3	0.8	1.2	2	3	4	6	10	14	25	40	60	0.1	0.14	0.25	0.4	0.6	1	1.4
3	6	1	1.5	2.5	4	5	8	12	18	30	48	75	0.12	0.18	0.3	0.48	0.75	1.2	1.8
6	10	1	1.5	2.5	4	6	9	15	22	36	58	90	0.15	0.22	0.36	0.58	0.9	1.5	2.2
10	18	1.2	2	3	5	8	11	18	27	43	70	110	0.18	0.27	0.43	0.7	1.1	1.8	2.7
18	30	1.5	2.5	4	6	9	13	21	33	52	84	130	0.21	0.33	0.52	0.84	1.3	2.1	3.3
30	50	1.5	2.5	4	7	11	16	25	39	62	100	160	0.25	0.39	0.62	1	1.6	2.5	3.9
50	80	2	3	5	8	13	19	30	46	74	120	190	0.3	0.46	0.74	1.2	1.9	3	4.6
80	120	2.5	4	6	10	15	22	35	54	87	140	220	0.35	0.54	0.87	1.4	2.2	3.5	5.4
120	180	3.5	5	8	12	18	25	40	63	100	160	250	0.4	0.63	1	1.6	2.5	4	6.3
180	250	4.5	7	10	14	20	29	46	72	115	185	290	0.46	0.72	1.15	1.85	2.9	4.6	7.2
250	315	6	8	12	16	23	32	52	81	130	210	320	0.52	0.81	1.3	2.1	3.2	5.2	8.1
315	400	7	9	13	18	25	36	57	89	140	230	360	0.57	0.89	1.4	2.3	3.6	5.7	8.9
400	500	8	10	15	20	27	40	63	97	155	250	400	0.63	0.97	1.55	2.5	4	6.3	9.7
500	630	9	11	16	22	32	44	70	110	175	280	440	0.7	1.1	1.75	2.8	4.4	7	11
630	800	10	13	18	25	36	50	80	125	200	320	500	0.8	1.25	2	3.2	5	8	12.5
800	1000	11	15	21	28	40	56	90	140	230	360	560	0.9	1.4	2.3	3.6	5.6	9	14
1000	1250	13	18	24	33	47	66	105	165	260	420	660	1.05	1.65	2.6	4.2	6.6	10.5	16.5
1250	1600	15	21	29	39	55	78	125	195	310	500	780	1.25	1.95	3.1	5	7.8	12.5	19.5
1600	2000	18	25	35	46	65	92	150	230	370	600	920	1.5	2.3	3.7	6	9.2	15	23
2000	2500	22	30	41	55	78	110	175	280	440	700	1100	1.75	2.8	4.4	7	11	17.5	28
2500	3150	26	36	50	68	96	135	210	330	540	860	1350	2.1	3.3	5.4	8.6	13.5	21	33

注：1.公称尺寸大于 500mm 的 IT1～IT5 的标准公差数值为试行的。

　　2.公称尺寸小于或等于 1mm 时，无 IT14～IT18。

表 1-3　标准公差的计算公式

公差等级	公式	公差等级	公式	公差等级	公式
IT01	$0.3 + 0.008D$	IT6	$10i$	IT13	$250i$
IT0	$0.5 + 0.012D$	IT7	$16i$	IT14	$400i$
IT1	$0.8 + 0.020D$	IT8	$25i$	IT15	$640i$
IT2	$(IT1)(IT5/IT1)^{1/4}$	IT9	$40i$	IT16	$1000i$
IT3	$(IT1)(IT5/IT1)^{1/2}$	IT10	$64i$	IT17	$1600i$
IT4	$(IT1)(IT5/IT1)^{3/4}$	IT11	$100i$	IT18	$2500i$
IT5	$7i$	IT12	$160i$		

公差单位 i 是确定标准公差的基本单位，它是公称尺寸的函数。由大量的试验和统计分析得知，在一定工艺条件下，加工公称尺寸不同的孔和轴，其加工误差和测量误差按一定规律随公称尺寸的增大而增大。由于公差是用来控制误差的，所以公差和公称尺寸之间也应符合这个规律。这个规律在标准公差的计算中由公差单位体现，其计算公式为

$$i = 0.45\sqrt[3]{D} + 0.01D$$

式中　　D——公称尺寸段的几何平均值，mm。

公式右边第一项反映加工误差与公称尺寸之间呈幂指数关系，第二项补偿因测量温度不稳定或存在温度偏差所引起的测量误差。

公差等级系数 α 是 IT5～IT18 各级标准公差所包含的公差单位数，在此等级内不论公称尺寸大小，各等级标准公差都有一个相对应的 α 值，且 α 值是标准公差分级的唯一指标。从表 1-3 可见，IT01、IT0、IT1 等级，其标准公差与公称尺寸呈线性关系。

按公式计算标准公差值，则每一个公称尺寸 $D(d)$ 就有一个相对应的公差值。由于公称尺寸繁多将使所编制的公差值表格庞大，且使用不方便。实际上对同一公差等级当公称尺寸相近时，其公差值相差甚微，此时取相同值对实践影响会很小。为此，标准公差将公称尺寸小于或等于常用尺寸段分为 13 个主尺寸段。实际工作中，标准公差用查表法确定。

2. 基本偏差系列

基本偏差是指用以确定公差带相对于零线位置的两个极限偏差中的一个，一般是靠近零线的那个极限偏差（个别公差带除外），原则上与公差等级无关。

公差与基本偏差查表—微课

国家标准将孔、轴的公差带位置实行标准化，对应不同的公称尺寸，标准中对孔和轴各规定了 28 个公差带位置，分别由 28 个基本偏差来确定。基本偏差代号由英文字母表示，大写字母代表孔，小写字母代表轴。在 26 个英文字母中，去掉 5 个字母（孔去掉 I、L、O、Q、W，轴去掉 i、l、o、q、w），增加 7 个双字母代号（孔为 CD、EF、FG、JS、ZA、ZB、ZC，轴为 cd、ef、fg、js、za、zb、zc），共 28 种，其排列顺序如图 1-11 所示，图中公差带的另一极限偏差"开口"，表示其公差等级未定。

在孔的基本偏差系列中，代号 A～H 的基本偏差为下极限偏差 EI，其绝对值逐渐减小，其中 A～G 的 EI 为正值，H 的 EI＝0；代号 J～ZC 的基本偏差为上极限偏差 ES（除 J 外一般为负值），其绝对值逐渐增大，代号 JS 的公差带相对于零线对称分布，因此其基本偏差可以为上极限偏差 ES＝＋IT/2 或下极限偏差 EI＝－IT/2。

在轴的基本偏差系列中，代号 a～h 的基本偏差为上极限偏差 es，其绝对值也逐渐减小，其中 a～g 的 es 为负值，h 的 es＝0；代号 j～zc 的基本偏差为下极限偏差 ei（除 j 外一般为正值），其绝对值也逐渐增大，代号 js 的公差带相对于零线对称分布，因此其基本偏差可以为上极限偏差 es＝＋IT/2 或下极限偏差 ei＝－IT/2。

轴的基本偏差数值是以基孔制配合为基础，根据各种配合要求，在生产实践和大量试验的基础上，先根据一系列经验公式计算出结果，再按一定规则将尾数圆整而得到的，如表 1-4 所示。

孔的基本偏差数值是从同名轴的基本偏差数值换算得来的。包括以下换算原则。

① 同名配合的配合性质相同　同名配合如 $\phi50\,\dfrac{H8}{f8}$ 和 $\phi50\,\dfrac{F8}{h8}$、$\phi80\,\dfrac{P7}{h6}$ 和 $\phi80\,\dfrac{H7}{p6}$ 等。同名配合应满足以下四个条件：公称尺寸相同；基孔制、基轴制互换；同一字母 F↔f；孔、轴公差等级分别相等。配合性质相同即应保证两者有相同的极限间隙或极限过盈。

表 1-4　轴的基本偏差数值 （$d \le 500mm$）

公称尺寸/mm 大于	至	上极限偏差 es — 所有标准公差等级 a	b	c	cd	d	e	ef	f	fg	g	h	js	下极限偏差 j (IT5和IT6)	j (IT7)	j (IT8)	k (IT4至IT7)	k (≤IT3, >IT7)
—	3	−270	−140	−60	−34	−20	−14	−10	−6	−4	−2	0	偏差＝±$\frac{ITn}{2}$，式中 n 是标准公差等级数	−2	−4	−6	0	0
3	6	−270	−140	−70	−46	−30	−20	−14	−10	−6	−4	0		−2	−4		+1	0
6	10	−280	−150	−80	−56	−40	−25	−18	−13	−8	−5	0		−2	−5		+1	0
10	14	−290	−150	−95		−50	−32		−16		−6	0		−3	−6		+1	0
14	18																	
18	24	−300	−160	−110		−65	−40		−20		−7	0		−4	−8		+2	0
24	30																	
30	40	−310	−170	−120		−80	−50		−25		−9	0		−5	−10		+2	0
40	50	−320	−180	−130														
50	65	−340	−190	−140		−100	−60		−30		−10	0		−7	−12		+2	0
65	80	−360	−200	−150														
80	100	−380	−220	−170		−120	−72		−36		−12	0		−9	−15		+3	0
100	120	−410	−240	−180														
120	140	−460	−260	−200		−145	−85		−43		−14	0		−11	−18		+3	0
140	160	−520	−280	−210														
160	180	−580	−310	−230														
180	200	−660	−340	−240		−170	−100		−50		−15	0		−13	−21		+4	0
200	225	−740	−380	−260														
225	250	−820	−420	−280														
250	280	−920	−480	−300		−190	−110		−56		−17	0		−16	−26		+4	0
280	315	−1050	−540	−330														
315	355	−1200	−600	−360		−210	−125		−62		−18	0		−18	−28		+4	0
355	400	−1350	−680	−400														
400	450	−1500	−760	−440		−230	−135		−68		−20	0		−20	−32		+5	0
450	500	−1650	−840	−480														

(摘自 GB/T 1800.1—2020)

μm

差数值

差　ei

所有标准公差等级

m	n	p	r	s	t	u	v	x	y	z	za	zb	zc
+2	+4	+6	+10	+14		+18		+20		+26	+32	+40	+60
+4	+8	+12	+15	+19		+23		+28		+35	+42	+50	+80
+6	+10	+15	+19	+23		+28		+34		+42	+52	+67	+97
+7	+12	+18	+23	+28		+33		+40		+50	+64	+90	+130
							+39	+45		+60	+77	+108	+150
+8	+15	+22	+28	+35		+41	+47	+54	+63	+73	+98	+136	+188
					+41	+48	+55	+64	+75	+88	+118	+160	+218
+9	+17	+26	+34	+43	+48	+60	+68	+80	+94	+112	+148	+200	+274
					+54	+70	+81	+97	+114	+136	+180	+242	+325
+11	+20	+32	+41	+53	+66	+87	+102	+122	+144	+172	+226	+300	+405
			+43	+59	+75	+102	+120	+146	+174	+210	+274	+360	+480
+13	+23	+37	+51	+71	+91	+124	+146	+178	+214	+258	+335	+445	+585
			+54	+79	+104	+144	+172	+210	+254	+310	+400	+525	+690
+15	+27	+43	+63	+92	+122	+170	+202	+248	+300	+365	+470	+620	+800
			+65	+100	+134	+190	+228	+280	+340	+415	+535	+700	+900
			+68	+108	+146	+210	+252	+310	+380	+465	+600	+780	+1000
+17	+31	+50	+77	+122	+166	+236	+284	+350	+425	+520	+670	+880	+1150
			+80	+130	+180	+258	+310	+385	+470	+575	+740	+960	+1250
			+84	+140	+196	+284	+340	+425	+520	+640	+820	+1050	+1350
+20	+34	+56	+94	+158	+218	+315	+385	+475	+580	+710	+920	+1200	+1550
			+98	+170	+240	+350	+425	+525	+650	+790	+1000	+1300	+1700
+21	+37	+62	+108	+190	+268	+390	+475	+590	+730	+900	+1150	+1500	+1900
			+114	+208	+294	+435	+530	+660	+820	+1000	+1300	+1650	+2100
+23	+40	+68	+126	+232	+330	+490	+595	+740	+920	+1100	+1450	+1850	+2400
			+132	+252	+360	+540	+660	+820	+1000	+1250	+1600	+2100	+2600

表 1-5　孔的基本偏差

| 公称尺寸/mm | | 下极限偏差 EI | | | | | | | | | | | | 基本偏 | | | | | | |
大于	至	A	B	C	CD	D	E	EF	F	FG	G	H	JS	J IT6	J IT7	J IT8	K ≤IT8	K >IT8	M ≤IT8	M >IT8
—	3	+270	+140	+60	+34	+20	+14	+10	+6	+4	+2	0		+2	+4	+6	0	0	−2	−2
3	6	+270	+140	+70	+46	+30	+20	+14	+10	+6	+4	0		+5	+6	+10	−1+Δ		−4+Δ	−4
6	10	+280	+150	+80	+56	+40	+25	+18	+13	+8	+5	0		+5	+8	+12	−1+Δ		−6+Δ	−6
10	14	+290	+150	+95		+50	+32		+16		+6	0		+6	+10	+15	−1+Δ		−7+Δ	−7
14	18	+290	+150	+95		+50	+32		+16		+6	0		+6	+10	+15	−1+Δ		−7+Δ	−7
18	24	+300	+160	+110		+65	+40		+20		+7	0	偏差＝±$\frac{ITn}{2}$ 式中 n 是标准公差等级数	+8	+12	+20	−2+Δ		−8+Δ	−8
24	30	+300	+160	+110		+65	+40		+20		+7	0		+8	+12	+20	−2+Δ		−8+Δ	−8
30	40	+310	+170	+120		+80	+50		+25		+9	0		+10	+14	+24	−2+Δ		−9+Δ	−9
40	50	+320	+180	+130		+80	+50		+25		+9	0		+10	+14	+24	−2+Δ		−9+Δ	−9
50	65	+340	+190	+140		+100	+60		+30		+10	0		+13	+18	+28	−2+Δ		−11+Δ	−11
65	80	+360	+200	+150		+100	+60		+30		+10	0		+13	+18	+28	−2+Δ		−11+Δ	−11
80	100	+380	+220	+170		+120	+72		+36		+12	0		+16	+22	+34	−3+Δ		−13+Δ	−13
100	120	+410	+240	+180		+120	+72		+36		+12	0		+16	+22	+34	−3+Δ		−13+Δ	−13
120	140	+460	+260	+200		+145	+85		+43		+14	0		+18	+26	+41	−3+Δ		−15+Δ	−15
140	160	+520	+280	+210		+145	+85		+43		+14	0		+18	+26	+41	−3+Δ		−15+Δ	−15
160	180	+580	+310	+230		+145	+85		+43		+14	0		+18	+26	+41	−3+Δ		−15+Δ	−15
180	200	+660	+340	+240		+170	+100		+50		+15	0		+22	+30	+47	−4+Δ		−17+Δ	−17
200	225	+740	+380	+260		+170	+100		+50		+15	0		+22	+30	+47	−4+Δ		−17+Δ	−17
225	250	+820	+420	+280		+170	+100		+50		+15	0		+22	+30	+47	−4+Δ		−17+Δ	−17
250	280	+920	+480	+300		+190	+110		+56		+17	0		+25	+36	+55	−4+Δ		−20+Δ	−20
280	315	+1050	+540	+330		+190	+110		+56		+17	0		+25	+36	+55	−4+Δ		−20+Δ	−20
315	355	+1200	+600	+360		+210	+125		+62		+18	0		+29	+39	+60	−4+Δ		−21+Δ	−21
355	400	+1350	+680	+400		+210	+125		+62		+18	0		+29	+39	+60	−4+Δ		−21+Δ	−21
400	450	+1500	+760	+440		+230	+135		+68		+20	0		+33	+43	+66	−5+Δ		−23+Δ	−23
450	500	+1650	+840	+480		+230	+135		+68		+20	0		+33	+43	+66	−5+Δ		−23+Δ	−23

数值（$D \leq 500\text{mm}$）（摘自 GB/T 1800.1—2020）　　　　　　　　　　　　　　　　μm

| 差数值 | | | 上极限偏差　ES | | | | | | | | | | | | Δ值 | | | | | |
| ≤IT8 | >IT8 | ≤IT7 | >IT7 | | | | | | | | | | | | 标准公差等级 | | | | | |
N		P至ZC	P	R	S	T	U	V	X	Y	Z	ZA	ZB	ZC	IT3	IT4	IT5	IT6	IT7	IT8
−4	−4	在大于IT7的标准公差等级的基本偏差数值上增加一个Δ值	−6	−10	−14		−18		−20		−26	−32	−40	−60	0	0	0	0	0	0
−8+Δ	0		−12	−15	−19		−23		−28		−35	−42	−50	−80	1	1.5	1	3	4	6
−10+Δ	0		−15	−19	−23		−28		−34		−42	−52	−67	−97	1	1.5	2	3	6	7
−12+Δ	0		−18	−23	−28	−33			−40		−50	−64	−90	−130	1	2	3	3	7	9
								−39	−45		−60	−77	−108	−150						
−15+Δ	0		−22	−28	−35	−41	−47	−54	−63		−73	−98	−136	−188	1.5	2	3	4	8	12
						−41	−48	−55	−64	−75	−88	−118	−160	−218						
−17+Δ	0		−26	−34	−43	−48	−60	−68	−80	−94	−112	−148	−200	−274	1.5	3	4	5	9	14
						−54	−70	−81	−97	−114	−136	−180	−242	−325						
−20+Δ	0		−32	−41	−53	−66	−87	−102	−122	−144	−172	−226	−300	−405	2	3	5	6	11	16
				−43	−59	−75	−102	−120	−146	−174	−210	−274	−360	−480						
−23+Δ	0		−37	−51	−71	−91	−124	−146	−178	−214	−258	−335	−445	−585	2	4	5	7	13	19
				−54	−79	−104	−144	−172	−210	−254	−310	−400	−525	−690						
−27+Δ	0		−43	−63	−92	−122	−170	−202	−248	−300	−365	−470	−620	−800	3	4	7	7	15	23
				−65	−100	−134	−190	−228	−280	−340	−415	−535	−700	−900						
				−68	−108	−146	−210	−252	−310	−380	−465	−600	−780	−1000						
−31+Δ	0		−50	−77	−122	−166	−236	−284	−350	−425	−520	−670	−880	−1150	3	4	6	9	17	26
				−80	−130	−180	−258	−310	−385	−470	−575	−740	−960	−1250						
				−84	−140	−196	−284	−340	−425	−520	−640	−820	−1050	−1350						
−34+Δ	0		−56	−94	−158	−218	−315	−385	−475	−580	−710	−920	−1200	−1550	4	4	7	9	20	29
				−98	−170	−240	−350	−425	−525	−650	−790	−1000	−1300	−1700						
−37+Δ	0		−62	−108	−190	−268	−390	−475	−590	−730	−900	−1150	−1500	−1900	4	5	7	11	21	32
				−114	−208	−294	−435	−530	−660	−820	−1000	−1300	−1650	−2100						
−40+Δ	0		−68	−126	−232	−330	−490	−595	−740	−920	−1100	−1450	−1850	−2400	5	5	7	13	23	34
				−132	−252	−360	−540	−660	−820	−1000	−1250	−1600	−2100	−2600						

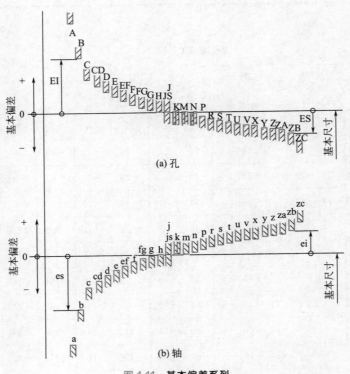

图 1-11 **基本偏差系列**

② 满足工艺等价原则　由于较高精度的孔比轴难加工，因此国家标准规定，为使孔和轴在工艺上等价（孔和轴加工难易程度基本相当），在较高精度等级（以 IT8 为界）的配合中，孔比轴的公差等级低一级，在较低精度的配合中，孔与轴采用相同的公差等级。为此按轴的基本偏差换算孔的基本偏差时，出现以下两种规则。

a. 通用规则　标准推荐，孔与轴采用相同的公差等级。用同一字母表示的孔、轴基本偏差的绝对值相等，而其正、负号相反，即：A～H 时，$EI = es$；J～N＞IT8 与 P～ZC＞IT7 时，$ES = -ei$。

b. 特殊规则　标准推荐，孔比轴的公差等级低一级。用同一字母表示的孔、轴基本偏差符号相反，而绝对值相差一个 Δ 值，即：当 K、M、N≤IT8 与 P～ZC≤IT7 时，$ES = -ei + \Delta$，$\Delta = ITn - IT(n-1)$。

将用上述公式计算出的孔的基本偏差数值按一定规则化整，并编制表格如表 1-5 所示。实际应用中孔的基本偏差数值可直接查表。

3. 公差带与配合代号及其标注

一个确定的公差带代号由基本偏差代号和公差等级数字组合而成。例如，H8、F7、P7 等为孔的公差带代号，h7、r6、f6 等为轴的公差带代号。

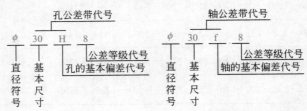

在零件图中尺寸公差的标注，通常有三种形式。

① 标注公差带代号，如图 1-12（a）所示。这种注法一般用于大批量生产的零件图中，由专用量具检验零件的尺寸。

② 标注尺寸的极限偏差，如图 1-12（b）所示。这种注法一般用于单件小批量生产的零件图中。

③ 同时注出公差带代号和极限偏差值，如图 1-12（c）所示。偏差数值注在尺寸公差带代号之后，并加圆括号。这种注法便于审图、识读，故而使用较多，通常用于中、小批量生产的零件图中。

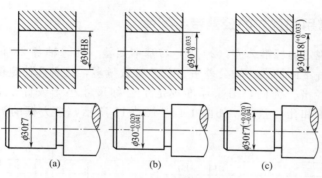

图 1-12　公差带代号及标注

配合代号用孔、轴公差带组合并以分数的形式表示，分子为孔的公差带代号，分母为轴的公差带代号。例如，$\phi 30 \dfrac{H7}{f6}$ 或 $\phi 30\ H7/f6$。配合代号的标注如图 1-13 所示。

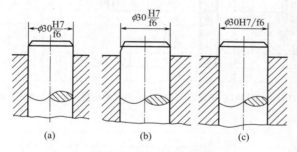

图 1-13　配合代号的标注

4. 另一极限偏差值的确定

基本偏差决定了公差带的位置，它是靠近零线那个极限偏差，而另一个极限偏差的数值可由基本偏差和标准公差按下列公式计算：

基本偏差为下极限偏差时　　ES＝EI＋IT　　　es＝ei＋IT

基本偏差为上极限偏差时　　EI＝ES－IT　　　ei＝es－IT

例 1-2　查表确定 $\phi 30e7$、$\phi 35js6$、$\phi 70M9$、$\phi 90R7$ 的基本偏差与另一个极限偏差。

解

$\phi 30e7$：查表 1-2，IT7＝0.021mm；查表 1-4，es＝－0.040mm。

另一个极限偏差　　ei＝es－IT7＝－0.040－0.021＝－0.061mm

标注　　　　　　　　　　　　$\phi 30^{-0.040}_{-0.061}$ mm

$\phi 35js6$：查表 1-2，IT6＝0.016mm；查表 1-4，es＝＋0.008mm，ei＝－0.008mm。

标注 $\quad\quad\quad\quad\quad\quad\quad\quad\quad \phi 35\pm 0.008\text{mm}$

$\phi 70M9$：查表 1-2，IT9＝0.074mm；查表 1-5，ES＝－0.011mm。

另一个极限偏差　EI＝ES－IT9＝－0.011－0.074＝－0.085mm

标注 $\quad\quad\quad\quad\quad\quad\quad\quad\quad \phi 70_{-0.085}^{-0.011}\text{mm}$

$\phi 90R7$：查表 1-2，IT7＝0.035mm；查表 1-5，ES＝－0.051＋Δ＝－0.051＋0.013＝－0.038mm。

另一个极限偏差　EI＝ES－IT7＝－0.038－0.035＝－0.073mm

标注 $\quad\quad\quad\quad\quad\quad\quad\quad\quad \phi 90_{-0.073}^{-0.038}\text{mm}$

六、一般、常用和优先的公差带与配合

将国家标准中规定的标准公差（20 级）与基本偏差（孔、轴各 28 种）任意组合，可以得到大量大小与位置不同的孔、轴公差带。公差带数量多，势必会使定值刀具、量具的规格繁多，使用时很不经济。为此，国家标准规定了公称尺寸小于或等于 500mm 的一般、常用、优先的轴公差带和孔公差带，如图 1-14、图 1-15 所示，带方框的为常用公差带，带阴影的为优先公差带。

A	B	C	D	E	F	G	H	J	JS	K	M	N	P	R	S	T	U	V	X	Y	Z
							H1		JS1												
							H2		JS2												
							H3		JS3												
							H4		JS4	K4	M4										
						G5	H5		JS5	K5	M5	N5	P5	R5	S5						
					F6	G6	H6	J6	JS6	K6	M6	N6	P6	R6	S6	T6	U6	V6	X6	Y6	Z6
			D7	E7	F7	G7	H7	J7	JS7	K7	M7	N7	P7	R7	S7	T7	U7	V7	X7	Y7	Z7
		C8	D8	E8	F8	G8	H8	J8	JS8	K8	M8	N8	P8	R8	S8	T8	U8	V8	X8	Y8	Z8
A9	B9	C9	D9	E9	F9		H9		JS9			N9	P9								
A10	B10	C10	D10	E10			H10		JS10												
A11	B11	C11	D11				H11		JS11												
A12	B12	C12					H12		JS12												
							H13		JS13												

图 1-14　公称尺寸小于或等于 500mm 的孔的一般、常用、优先公差带

a	b	c	d	e	f	g	h	j	js	k	m	n	p	r	s	t	u	v	x	y	z
							h1		js1												
							h2		js2												
							h3		js3												
						g4	h4		js4	k4	m4	n4	p4	r4	s4						
					f5	g5	h5		js5	k5	m5	n5	p5	r5	s5	t5	u5	v5	x5	y5	z5
				e6	f6	g6	h6	j6	js6	k6	m6	n6	p6	r6	s6	t6	u6	v6	x6	y6	z6
			d7	e7	f7	g7	h7	j7	js7	k7	m7	n7	p7	r7	s7	t7	u7	v7	x7	y7	z7
		c8	d8	e8	f8	g8	h8	j8	js8	k8	m8	n8	p8	r8	s8	t8	u8	v8	x8	y8	z8
a9	b9	c9	d9	e9	f9		h9		js9			n9	p9								
a10	b10	c10	d10	e10			h10		js10												
a11	b11	c11	d11				h11		js11												
a12	b12	c12					h12		js12												
							h13		js13												

图 1-15　公称尺寸小于或等于 500mm 的轴的一般、常用、优先公差带

选用公差带时应按优先、常用、一般公差带的顺序选取。若一般公差带中也没有满足要求的公差带，则按国家标准规定的标准公差和基本偏差组成的公差带来选取。

在上述推荐的孔、轴公差带的基础上，国家标准又规定了基孔制常用配合 59 种，优先配合 13 种，基轴制常用配合 47 种，优先配合 13 种，见表 1-6、表 1-7。

表 1-6　基孔制优先常用配合

基准孔	轴																				
	a	b	c	d	e	f	g	h	js	k	m	n	p	r	s	t	u	v	x	y	z
	间　隙　配　合								过　渡　配　合				过　盈　配　合								
H6						H6/f5	H6/g5	H6/h5	H6/js5	H6/k5	H6/m5	H6/n5	H6/p5	H6/r5	H6/s5	H6/t5					
H7						H7/f6	H7/g6	H7/h6	H7/js6	H7/k6	H7/m6	H7/n6	H7/p6	H7/r6	H7/s6	H7/t6	H7/u6	H7/v6	H7/x6	H7/y6	H7/z6
H8					H8/e7	H8/f7	H8/g7	H8/h7	H8/js7	H8/k7	H8/m7	H8/n7	H8/p7	H8/r7	H8/s7	H8/t7	H8/u7				
				H8/d8	H8/e8	H8/f8		H8/h8													
H9			H8/c9	H9/d9	H9/e9	H9/f9		H9/h9													
H10			H10/c10	H10/d10				H10/h10													
H11	H11/a11	H11/b11	H11/c11	H11/d11				H11/h11													
H12		H12/b12						H12/h12													

注：1. $\dfrac{H6}{n5}$、$\dfrac{H7}{p6}$ 在公称尺寸小于或等于 3mm 时和 $\dfrac{H8}{r7}$ 在公称尺寸小于或等于 100mm 时，为过渡配合。

2. 标注 ◤ 的配合为优先配合。

表 1-7　基轴制优先常用配合

基准轴	孔																				
	A	B	C	D	E	F	G	H	JS	K	M	N	P	R	S	T	U	V	X	Y	Z
	间　隙　配　合								过　渡　配　合				过　盈　配　合								
h5						F6/h5	G6/h5	H6/h5	JS6/h5	K6/h5	M6/h5	N6/h5	P6/h5	R6/h5	S6/h5	T6/h5					
h6						F7/h6	G7/h6	H7/h6	JS7/h6	K7/h6	M7/h6	N7/h6	P7/h6	R7/h6	S7/h6	T7/h6	U7/h6				
h7					E8/h7	F8/h7		H8/h7	JS8/h7	K8/h7	M8/h7	N8/h7									
h8				D8/h8	E8/h8	F8/h8		H8/h8													
h9				D9/h9	E9/h9	F9/h9		H9/h9													
h10				D10/h10				H10/h10													
h11	A11/h11	B11/h11	C11/h11	D11/h11				H11/h11													
h12		B12/h12						H12/h12													

注：标注 ◤ 的配合为优先配合。

必须指出，在实际生产中，如因特殊需要或其他充分理由，也允许采用非基准制配合，即非基准孔和非基准轴相配合，如 K7/f9、F9/j6 等。这种配合，习惯上也称混合配合。

七、一般公差——线性尺寸的未注公差

线性尺寸的一般公差是指在车间普通工艺条件下，机床设备在正常维护操作情况下，能达到的经济加工精度。采用一般公差时，在该尺寸后不标注极限偏差或其他代号，所以也称未注公差。正常情况下，一般不检验，除非另有规定。

零件图样应用一般公差可带来以下好处。

① 简化制图，使图样清晰。

② 节省设计时间，设计人员不必逐一考虑一般公差的公差值。

③ 简化产品的检验要求。

④ 突出图样上注出公差的重要要素，以便在加工和检验时引起重视。

⑤ 便于供需双方达成加工和销售协议，避免不必要的争议。

GB/T 1804—2000 对线性尺寸的一般公差规定了四个公差等级，f（精密级）、m（中等级）、c（粗糙级）、v（最粗级）。线性尺寸极限偏差数值见表1-8；倒圆半径和倒角高度尺寸的极限偏差数值见表1-9。

表 1-8　线性尺寸的极限偏差数值　　　　　　　　　　　　　　　　　　　　mm

公差等级	公称尺寸分段							
	0.5～3	>3～6	>6～30	>30～120	>120～400	>400～1000	>1000～2000	>2000～4000
精密 f	±0.05	±0.05	±0.1	±0.15	±0.2	±0.3	±0.5	
中等 m	±0.1	±0.1	±0.2	±0.3	±0.5	±0.8	±1.2	±2
粗糙 c	±0.2	±0.3	±0.5	±0.8	±1.2	±2	±3	±4
最粗 v		±0.5	±1	±1.5	±2.5	±4	±6	±8

表 1-9　倒圆半径与倒角高度尺寸的极限偏差数值　　　　　　　　　　　　　　mm

公差等级	公称尺寸分段			
	0.5～3	>3～6	>6～30	>30
精密级 f	±0.2	±0.5	±1	±2
中等级 m				
粗糙级 c	±0.4	±1	±2	±4
最粗级 v				

当采用一般公差时，在图样上只注公称尺寸，不注极限偏差，而应在图样技术要求或技术文件中用线性尺寸的一般公差标准号和公差等级符号表示。例如，当选用中等级 m 时则表示为"GB/T 1804-m"。

线性尺寸的一般公差主要用于较低精度的非配合尺寸。当要素的功能要求比一般公差更小或允许更大的公差值时，则在公称尺寸后直接注出极限偏差值，如装配时所钻的盲孔的深度。

任务 3　极限与配合的选择

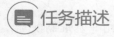 任务描述

图 1-16 所示齿轮油泵为润滑用的低压小流量泵。试选择两轴的四个轴颈与两端泵盖对

应轴承孔的配合。

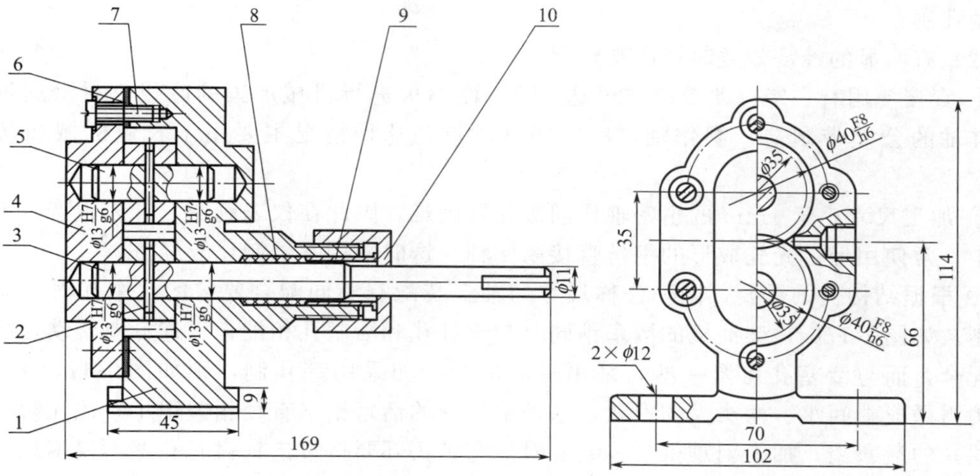

图 1-16 **齿轮油泵**

1—泵体；2—圆柱销；3—传动齿轮轴；4—泵盖；5—齿轮轴；
6—垫片；7—螺钉；8—填料；9—压盖；10—压紧螺母

任务实施

根据使用要求，轴与孔要作相对运动，因此应有一定的间隙；为了保证轴、孔的定心精度，间隙不能过大，这就要求必须合理设计零件的尺寸精度和配合。

知识拓展

一、极限与配合的选择

极限与配合的选择是机械设计与制造中的一个重要环节，它是在公称尺寸已经确定的情况下进行的尺寸精度设计。公差配合的选择是否恰当，对产品的性能、质量、互换性及经济性有着重要的影响。极限与配合的选择包括配合制的选择、公差等级的选择和配合种类的选择。选择的原则是在满足使用要求的前提下，获得最佳的技术经济效益。

极限与配合的选择一般有三种方法：类比法、计算法与试验法。类比法就是参照同类型机器或机构中经过生产实践验证的实际情况，再结合所设计产品的使用要求和应用条件来确定极限与配合。计算法就是根据理论公式来确定需要的间隙或过盈。这种方法虽然科学，但比较麻烦，而且有时将条件理想化、简单化，使得计算结果不完全符合实际。试验法是通过试验或统计分析来确定间隙或过盈，这种方法合理、可靠，但代价较高，一般用于对产品性能影响大而又缺乏经验的场合。

这里重点介绍类比法选择极限与配合。

1. 配合制的选择

（1）优先选用基孔制　基准制的选择主要从经济方面考虑，同时兼顾功能、结构、工艺条件和其他方面的要求。从工艺来看，加工中等尺寸的孔通常采用价格较贵的刀具，而加工轴则只需一把车刀或砂轮。因此，采用基孔制可以减少定尺寸刀具、量具的规格和数量，有利于刀具、量具的标准化、系列化，因而经济合理，使用方便。对于尺寸较大的孔及低精度孔，虽然一般不采用定尺寸刀具、量具进行加工与检验，但从工艺上讲，为了统一，也优先选用基孔制。

（2）有明显的经济效益时选用基轴制

① 直接使用有一定公差等级（可达 IT8）而不再进行机械加工的冷拔钢材（这种钢材按基准轴的公差带制造）制作轴，应采用基轴制。这种情况主要用于农业机械和纺织机械中。

② 加工尺寸小于 1mm 的精密轴比同级孔要困难，因此在仪表制造、钟表生产、无线电工程中，常使用经过光轧成形的钢丝直接制作轴，这时采用基轴制比较经济。

③ 根据结构上的需要，同一公称尺寸的轴上装配有不同配合要求的几个孔时，应采用基轴制。如图 1-17（a）柴油机的活塞销同时与连杆孔和活塞孔相配合，连杆要转动，故采用间隙配合，而与活塞孔可紧一些，采用过渡配合。如采用基孔制，则如图 1-17（b）所示，活塞销需做成中间小、两头大的形状，这种阶梯形的活塞销（直径相差很小）比无阶梯（直径相同）的活塞销，加工困难得多；装配时活塞销头部要挤过连杆衬套孔壁不仅困难，而且会刮伤衬套孔。改用基轴制，如图 1-17（c）所示，活塞销可采用无阶梯结构，衬套孔与活塞孔分别采用不同的公差带，显然既可满足使用要求，又减少了加工工作量，使加工成本降低，还可方便装配。

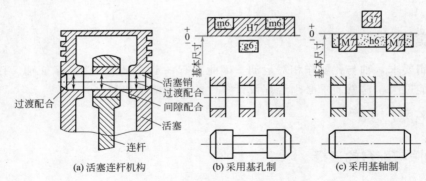

（a）活塞连杆机构　　（b）采用基孔制　　（c）采用基轴制

图 1-17　活塞连杆机构

（3）按标准件选择配合制　当设计的零件与标准件相配时，基准制的选择应依标准件而定。例如，滚动轴承的外圈与壳体孔的配合必须采用基轴制，滚动轴承的内圈与轴颈的配合必须采用基孔制。

（4）非基准制配合的应用　非基准制配合是指相配合的两零件既无基准孔又无基准轴的配合，当一个孔与几个轴相配合或一个轴与几个孔相配合且其配合要求各不相同时，则会出现非基准制的配合。如减速器某轴颈处的轴向定位套用作轴向定位，它松套在轴颈上即可，但轴颈的公差带已确定，因此轴套与轴颈的间隙配合就不能采用基孔制配合，形成了任一孔、轴公差带组成的非基准制配合。箱体孔与端盖定位圆柱面的配合和上述情况相似，考虑到端盖的拆卸方便，且允许配合的间隙较大，因此选用非基准制配合，如图 1-18 所示。

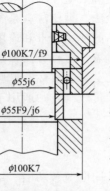

图 1-18　减速器箱体孔与端盖
定位圆柱面的配合

2. 公差等级的选择

公差等级的选择原则是，在满足使用要求的前提下，尽可能地选用较低的公差等级，以便很好地解决机器零件的使用要求与制造工艺及成本之间的矛盾。

公差等级一般采用类比法确定，也就是参考从生产实践中总结出来的经验资料，进行比较选择。用类比法选择公差等级时，应熟悉各个公差等级的应用范围和各种加工方法所能达到的公差等级，具体可参考表 1-10～表 1-12。

表 1-10　公差等级的应用

应用	公差等级应用（IT）																			
	01	0	1	2	3	4	5	6	7	8	9	10	11	12	13	14	15	16	17	18
量块	—	—	—																	
量规			—	—	—	—	—	—	—											
配合尺寸							—	—	—	—	—	—	—	—						
特别精密配合				—	—	—														
非配合尺寸														—	—	—	—	—	—	—
原材料										—	—	—	—	—	—	—				

表 1-11　各种加工方法可达到的公差等级

加工方法	公差等级（IT）																			
	01	0	1	2	3	4	5	6	7	8	9	10	11	12	13	14	15	16	17	18
研磨	—	—	—	—	—	—														
珩磨						—	—	—	—											
圆磨							—	—	—	—										
平磨							—	—	—	—										
金刚石车							—	—	—											
金刚石镗							—	—	—											
拉削							—	—	—	—										
铰孔								—	—	—	—									
车									—	—	—	—								
镗									—	—	—	—								
铣										—	—	—	—							
刨												—	—							
钻												—	—	—	—					
滚压挤压												—	—							
冲压												—	—	—	—	—				
压铸													—	—	—	—				
粉末冶金成形								—	—	—										
粉末冶金烧结									—	—	—	—								
砂型铸造气割																		—	—	—
锻造																	—	—		

表 1-12　常用公差等级应用实例

公差等级	应　用
IT5 (孔为IT6)	主要用在配合公差、形状公差要求很小的地方,其配合性质稳定,一般应用在机床、发动机、仪表等重要部位,如与P5级滚动轴承配合的机床主轴,机床尾架与套筒、精密机床以及高速机械中轴颈、精密丝杠轴颈等
IT6 (孔为IT7)	配合性质能达到较高的均匀性,如与P6级滚动轴承配合的孔、轴颈,与齿轮、蜗轮、联轴器、带轮、凸轮等连接的轴颈,机床丝杠轴颈,摇臂钻立柱,机床夹具导向件外径尺寸,IT6级精度齿轮的基准孔,IT7、IT8级精度齿轮的基准轴
IT7	比IT6级精度稍低,应用条件与IT6级基本相似,在一般机械制造中应用较为普遍,如联轴器、带轮、凸轮等孔径,夹具中的固定转套,IT7、IT8级精度齿轮基准孔,IT9、IT10级精度齿轮基准轴
IT8	在机械制造中属于中等精度,如轴承座衬套沿宽度方向尺寸,IT9~IT12级齿轮基准孔,IT11~IT12级齿轮基准轴
IT9、IT10	主要用于机械制造中轴套外径与孔、操纵件与轴、带轮与轴、单键与花键
IT11、IT12	配合精度很低,装配后,可能产生很大间隙,适用于基本上没有什么配合要求的场合,如机床上法兰盘与止口、滑块与滑移齿轮、加工中工序间尺寸、冲压加工的配合件、机床制造中的扳手孔与扳手座的连接

除参考表 1-10~表 1-12 外,还应注意以下问题。

① 联系孔和轴的工艺等价性　孔和轴的工艺等价性是指孔和轴应有相同的加工难易程度。在常用尺寸段内,孔比同级轴的加工困难,加工成本也要高一些,其工艺是不等价的。按工艺等价选择相互配合的孔、轴公差等级可参见表 1-12。

② 联系相关件和相配件的精度　如与滚动轴承相配合的外壳孔和轴径的公差等级取决于相配件滚动轴承的公差等级;与齿轮孔配合的轴的公差等级要与齿轮精度相适应。

③ 联系配合与成本　对过渡配合或过盈配合,一般不允许其间隙或过盈的变动太大,因此公差等级不能太低,孔可选标准公差不大于 IT8,轴可选标准公差不大于 IT7。间隙配合可不受此限制,但间隙小的配合公差等级应较高,间隙大的配合公差等级可以低些。例如,选用 H6/g5 和 H11/a11 是可以的,而选 H6/a5 和 H11/g11 就不合理了。

3. 配合的选择

前述配合制和公差等级的选择,确定了基准孔或基准轴的公差带,以及相应的非基准轴或非基准孔公差带的大小,因此选择配合种类实质上是确定非基准轴或非基准孔公差带的位置,即选择非基准轴或非基准孔的基本偏差代号。为此,必须首先掌握各种基本偏差的特点,并了解它们的应用实例,再根据具体情况加以选择。

(1) 确定配合类型　根据配合的具体要求,参照表 1-13 从大体方向上确定应选的配合类别。下面以基孔制为例进行说明。

① 孔轴之间有相对运动,或没有相对运动但需要经常拆卸时,应采用间隙配合。轴采用基本偏差 a~h,字母越往后,间隙越小。小间隙量主要用于精确定心又便于拆卸的静连接,或结合件间只有缓慢移动或转动的动连接。较大间隙量主要用于结合件间有转动、移动或复合运动的动连接。工作温度高、对中性要求低、相对运动速度高等情况,应使间隙增大。

② 既需要对中性好,又要便于拆卸时,应采用过渡配合。轴采用基本偏差 j~n (n与高精度的基准孔形成过盈配合),字母越往后,获得过盈的机会越多。过渡配合可能具有间隙,也可能具有过盈,但不论是间隙量还是过盈量都很小,主要用于定心精确、结合件间无相对运动、无拆卸的静连接。

表 1-13　配合种类的确定

无相对运动	需传递力矩	精确定心	不可拆卸	过盈配合
			可拆卸	过渡配合或基本偏差为 H(h)的间隙配合加键、销紧固件
		不需精确定心		间隙配合加键、销紧固件
	不需传递力矩			过渡配合或过盈量较小的过盈配合
有相对运动	缓慢转动或移动			基本偏差为 H(h)、G(g)等间隙配合
	转动、移动或复合运动			基本偏差为 D～F(d～f)等间隙配合

③ 在不用紧固件就能保证孔轴之间无相对运动、在需要靠过盈来传递载荷、在不经常拆装（或永久性连接）的场合，应采用过盈配合。轴采用基本偏差 p～zc（p 与低精度的基准孔形成过渡配合），字母越往后，过盈量越大，配合越紧。过盈量较小时，只作精确定心用，若需传递力矩，需加键、销等紧固件。过盈量较大时可直接用于传递力矩。采用大过盈配合时，容易将零件挤裂，因而很少采用。

（2）各种基本偏差的特点及应用　在明确所选配合大类的基础上，了解与对照各种基本偏差的特点及应用，对正确选择配合是十分必要的，具体可参见表 1-14。根据配合部位具体的功能要求，通过查表，比较配合的应用实例，选择较合适的配合，即确定非基准件的基本偏差代号。

表 1-14　各种基本偏差的特点及应用实例

配合	基本偏差	特　点　及　应　用　实　例
间隙配合	a(A) b(B)	可得到特别大的间隙,应用很少。主要用于工作时温度较高、热变形大的零件的配合,如发动机中活塞与缸套的配合为 H9/a9
	c(C)	可得到很大的间隙。一般用于工作条件较差(如农业机械)、工作时受力变形大及装配工艺性不好的零件的配合,也适用于高温工作的间隙配合,如内燃机排气阀杆与导管的配合为 H8/c7
	d(D)	一般用于 IT7～IT11 级,适用于较松的间隙配合(如滑轮、空转的带轮与轴的配合),以及大尺寸滑动轴承与轴颈的配合(如涡轮机、球磨机等的滑动轴承)。活塞环与活塞槽的配合可用 H9/d9
	e(E)	多用于 IT6～IT9 级,具有明显的间隙,适用于大跨距及多支点的转轴与轴承的配合,以及高速、重载的大尺寸轴与轴承的配合,如大型电动机、内燃机的主要轴承处的配合为 H8/e7
	f(F)	用于 IT6～IT8 级,用于一般转动的配合,受温度影响不大,采用普通润滑油的轴与滑动轴承的配合,如齿轮箱、小电动机、泵等的转轴与滑动轴承的配合为 H7/f6
	g(G)	用于 IT5～IT7 级,形成配合的间隙较小,用于轻载精密装置中的转动配合,用于插销的定位配合,滑阀、连杆销等处的配合,钻套孔多用 G
	h(H)	用于 IT4～IT11 级,形成配合的最小间隙为零,广泛用于无相对转动的零件的配合,一般的定位配合。若没有温度、变形的影响也可用于精密滑动轴承,如车床尾座孔与滑动套筒的配合为 H6/h5
过渡配合	js(JS)	用于 IT4～IT7 级具有平均间隙的过渡配合,用于略有过盈的定位配合,如联轴器,齿圈与轮毂的配合,滚动轴承外圈与外壳孔的配合多用 JS7。一般用手或木锤装配
	k(K)	用于 IT4～IT7 级平均间隙接近零的过渡配合,用于定位配合,如滚动轴承内、外圈分别与轴颈、外壳孔的配合。一般用木锤装配
	m(M)	多用于 IT4～IT7 级平均过盈较小的配合,用于精密定位的配合,如蜗轮的青铜轮缘与轮毂的配合为 H7/m6
	n(N)	多用于 IT4～IT7 级平均过盈较大的配合,很少形成间隙。用于加键传递较大转矩的配合,如冲床上齿轮与轴的配合。用木锤或压力机装配

续表

配合	基本偏差	特 点 及 应 用 实 例
过盈配合	p(P)	用于小过盈配合。与 H6、H7 的孔形成过盈配合,而与 H8 的孔形成过渡配合。碳钢和铸铁制零件形成的配合为标准压入配合,如绞车的绳轮与齿圈的配合为 H7/p6。合金钢制零件的配合需要小过盈时可用 p(P)
	r(R)	用于传递大转矩或受冲击负荷而需加键的配合,如蜗轮与轴的配合为 H7/r6,H8/r8 配合在公称尺寸小于 100mm 时,为过渡配合
	s(S)	用于钢和铸铁制零件的永久性结合,可产生相当大的结合力,如套环压在轴、阀座上用 H7/s6 配合
	t(T)	用于钢和铸铁制零件的永久性结合和半永久性结合,不用键可传递转矩,需用热套法或冷轴法装配,如联轴器与轴的配合为 H7/t6 配合
	u(U)	用于大过盈配合,最小过盈需验算。用热套法进行装配,如火车轮毂和轴的配合为 H6/u5
	v(V)x(X)y(Y)z(Z)	用于特大过盈配合,目前使用的经验和资料很少,需经试验后才能使用。一般不推荐

二、极限与配合选择综合示例

例 1-3　图 1-19 所示为钻模的一部分。钻模板 4 上有衬套 2,快换钻套 1 在工作中要求能迅速更换,当快换钻套 1 以其铣成的缺边对正钻套螺钉 3 后可以直接装入衬套 2 的孔中,再顺时针旋转一个角度,钻套螺钉 3 的下端面就盖住快换钻套 1 的另一缺口面。这样钻削

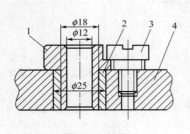

图 1-19　钻模

1—快换钻套;2—衬套;
3—钻套螺钉;4—钻模板

时,快换钻套 1 便不会因为切屑排出产生的摩擦力而使其退出衬套 2 的孔外,当钻孔后更换快换钻套 1 时,可将快换钻套 1 反时针旋转一个角度后直接取下,换上另一个孔径不同的快换钻套而不必将钻套螺钉 3 取下。如图 1-19 所示,钻模需加工工件上的 ϕ12mm 孔时,试选择衬套 2 与钻模板 4、快换钻套 1 与衬套 2 的极限与配合。

解

① 配合制的选择　衬套 2 与钻模板 4、快换钻套 1 与衬套 2 的配合,因结构无特殊要求,按国家标准规定,应优先选用基孔制。

② 公差等级的选择　钻模夹具各元件的连接,可按用于配合尺寸的 IT5～IT8 级选用。重要的配合尺寸,对轴可选 IT6,对孔可选 IT7。本例中钻模板 4 的孔、衬套 2 的孔、快换钻套的孔统一按 IT7 选用。而衬套 2 的外圆、快换钻套 1 的外圆则按 IT6 选用。

③ 配合种类的选择　衬套 2 与钻模板 4 的配合,要求连接牢靠,在轻微冲击和负荷下不用连接件也不会发生松动,即使内孔磨损了,需更换时拆卸的次数也不多。因此,参见表 1-14,可选平均过盈较大的过渡配合 n,本例配合选为 ϕ25H7/n6。

快换钻套 1 与衬套 2 的配合,要求经常性用手更换,故需一定间隙保证更换迅速。但因又要求有准确的定心,间隙不能过大,为此参看表 1-14,可选精密手动移动的配合 g,本例中选为 ϕ18H7/g6。

必须指出:对与钻套 1 配合的衬套 2 的内孔,根据上面分析本应选 ϕ18H7/g6,考虑到 JB/T 8045.4—1999(衬套标准),为了统一钻套内孔与衬套内孔的公差带,规定统一选用 F7。所以,在衬套 2 内孔公差带为 F7 的前提下,选用相当于 H7/g6 配合的 F7/k6 非基准

制配合，具体对比如图 1-20 所示，从图上可见，两者的极限间隙基本相同。

例 1-4 设有一公称尺寸为 $\phi 25\text{mm}$ 的配合，为保证装拆方便和对中性要求，其最大间隙和最大过盈均不得大于 $20\mu\text{m}$。试确定此配合的孔、轴公差带代号，并画出其尺寸公差带图。

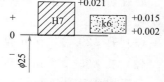

图 1-20 公差带图

解

① 选择配合制 一般情况下优先选用基孔制。

② 选择公差等级

$$T'_f = |X_{max} - Y_{max}| = |+20 - (-20)| = 40\mu\text{m}$$

考虑使用要求，所选轴、孔的公差应满足

$$T_f = T_D + T_d \leqslant T'_f$$

设 $T'_D = T'_d = T'_f/2 = 20\mu\text{m}$，查表 1-2 可知，$\text{IT6} = 13\mu\text{m}$，$\text{IT7} = 21\mu\text{m}$，故公差等级介于 IT6 和 IT7 之间，根据工艺等价性原则，一般孔比轴低一级，故选择孔 IT7 级，选择轴 IT6 级。$T_f = T_D + T_d = 21 + 13 = 34\mu\text{m} < T'_f$，符合使用要求。由于采用基孔制，故孔的公差带为 $\phi 25\text{H7}\left(^{+0.021}_{0}\right)\text{mm}$。

③ 选择配合种类 即选择轴的基本偏差代号，条件是孔和轴组成配合的最大间隙和最大过盈均不得大于 $20\mu\text{m}$。

过渡配合 $X_{max} = \text{ES} - \text{ei}$，$Y_{max} = \text{EI} - \text{es}$。因 $\text{ES} = +0.021\text{mm}$，故 $\text{ei} = +1\mu\text{m}$。查表 1-4 轴的基本偏差数值，只有基本偏差代号 k 的 $\text{ei} = +2\mu\text{m}$ 与 $\text{ei} = +1\mu\text{m}$ 最接近，故只有选取 $k(\text{ei} = +2\mu\text{m})$ 才能保证最大间隙不大于 $20\mu\text{m}$。$\text{es} = \text{ei} + T_d = +15\mu\text{m}$，故选择轴为 $\phi 25\text{k6}\left(^{+0.015}_{+0.002}\right)\text{mm}$。

④ 验算结果 所选配合为 $\phi 25\dfrac{\text{H7}\left(^{+0.021}_{0}\right)}{\text{k6}\left(^{+0.015}_{+0.002}\right)}\text{mm}$。

$$X_{max} = \text{ES} - \text{ei} = +0.021 - (+0.002) = +0.019\text{mm}$$

$$Y_{max} = \text{EI} - \text{es} = 0 - (+0.015) = -0.015\text{mm}$$

图 1-21 尺寸公差带图

最大间隙和最大过盈均没有大于 $20\mu\text{m}$，所选配合既符合国家标准又满足使用要求。其尺寸公差带图如图 1-21 所示。

 训练题

1. 判断题（正确的打 √，错误的打 ×）

（1）公差可以说是允许零件尺寸的最大偏差。（ ）

（2）公称尺寸不同的零件，只要它们的公差值相同，就可以说明它们的精度要求相同。（ ）

（3）国家标准规定，孔只是指圆柱形的内表面。（ ）

（4）图样标注 $\phi 20^{0}_{-0.021}\text{mm}$ 的轴，加工得越靠近公称尺寸就越精确。（ ）

（5）孔的基本偏差即下极限偏差，轴的基本偏差即上极限偏差。（ ）

（6）某孔要求尺寸为 $\phi 20^{-0.046}_{-0.067}\text{mm}$，今测得其实际尺寸为 $\phi 19.962\text{mm}$，可以判断该孔合格。（ ）

（7）未注公差尺寸即对该尺寸无公差要求。（ ）

（8）基本偏差决定公差带的位置。（　　　）

（9）基轴制过渡配合的孔，其下极限偏差必小于零。（　　　）

（10）过渡配合可能具有间隙，也可能具有过盈，因此过渡配合可能是间隙配合，也可能是过盈配合。（　　　）

（11）配合 H7/g6 比 H7/s6 要紧。（　　　）

（12）孔、轴公差带的相对位置反映加工的难易程度。（　　　）

2．已知下表中的配合，试将查表和计算结果填入表中。

训练题 2 表

公差带	基本偏差	标准公差	极限盈隙	配合公差	配合类别
$\phi 80S7$					
$\phi 80h6$					

3．试根据下表中已有的数值，计算并填写该表空格中的数值（单位为 mm）。

训练题 3 表

公称尺寸	孔			轴			X_{max} 或 Y_{min}	X_{min} 或 Y_{max}	X_{av} 或 Y_{av}	T_f
	ES	EI	T_D	es	ei	T_d				
$\phi 45$			0.025	0				-0.050		0.041
$\phi 25$			0.021	0				-0.048	-0.031	
$\phi 65$	$+0.030$				$+0.020$			-0.039		0.049

4．说明下列配合符号所表示的基准制、公差等级和配合类别并查表计算其极限间隙或过盈及配合公差。

（1）孔 $\phi 20^{+0.033}_{0}$ mm 和轴 $\phi 20^{-0.065}_{-0.098}$ mm　　（2）孔 $\phi 35^{+0.007}_{-0.018}$ mm 和轴 $\phi 35^{0}_{-0.016}$ mm

（3）孔 $\phi 55^{+0.030}_{0}$ mm 和轴 $\phi 55^{+0.060}_{+0.041}$ mm　　（4）孔 $\phi 25^{+0.021}_{0}$ mm 和轴 $\phi 25^{+0.009}_{-0.004}$ mm

5．下图所示为钻床的钻模夹具简图。夹具由定位套 3、钻模板 1 和钻套 4 组成，安装在工件 5 上。钻头 2 的直径为 $\phi 10$mm。

已知：（1）钻模板 1 的中心孔与定位套 3 上端的圆柱面的配合①有定心要求，公称尺寸为 $\phi 50$mm。钻模板 1 上圆周均布的四个孔分别与对应四个钻套 4 的外圆柱面的配合②有定心要求，公称尺寸分别为 $\phi 18$mm；它们均采用过盈不大的固定连接。

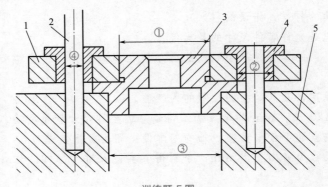

训练题 5 图

1—钻模板；2—钻头；3—定位套；4—钻套；5—工件

（2）定位套 3 下端的圆柱面的公称尺寸为 $\phi80mm$，它与工件 5 的 $\phi80mm$ 定位孔的配合③有定心要求，在安装和取出定位套 3 时，它需要轴向移动。

（3）钻套 4 的 $\phi10mm$ 导向孔与钻头 2 的配合④有导向要求，且钻头应能在转动状态下进入该导向孔。

试选择上述四处配合部位的配合种类，并简述其理由。

6. 设有一公称尺寸为 $\phi60mm$ 的配合，经计算确定其间隙为 $25\sim110\mu m$，试确定此配合的孔、轴公差带代号，并画出其尺寸公差带图。

7. 设有一公称尺寸为 $\phi110mm$ 的配合，为保证连接可靠，经计算确定其过盈不得小于 $40\mu m$，为保证装配后不发生塑性变形，其过盈不得大于 $110\mu m$，若已决定采用基轴制，试确定此配合的孔、轴公差带代号，并画出其尺寸公差带图。

项目二
形状和位置精度的检测

 素质目标

① 培养学生踏实严谨的治学态度。
② 培养学生主动解决问题的意识。
③ 培养学生主动查阅国家标准的习惯。
④ 培养学生精益求精的大国工匠精神。
⑤ 激发学生科技报国的家国情怀和使命担当。

知识目标

① 学会几何公差的概念、项目内容，几何公差的表达方式，在零件中的标记。
② 学会几何公差项目精度的应用，并会查表确定各项目的公差值。
③ 掌握公差原则的相关知识。
④ 学会几何公差检测方法的相关基本知识，初步掌握各种几何公差的检测方法。

能力目标

① 能够初步用几何公差表达相关零件的技术要求。
② 能够用几何公差的知识分析零件的相关技术要求。
③ 能够使用常用测量工具测量几何公差。

任务 4　直线度、圆度和圆柱度的检测

任务描述

图 2-1 所示为某产品中一根小轴，对直径为 $\phi 7.13_{-0.006}^{\ 0}$ 和 $5.94_{-0.006}^{\ 0}$ 分别有直线度、圆度和圆柱度要求，产品加工完成后进行检测。

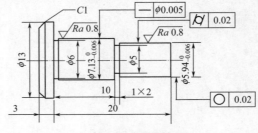

图 2-1　被测零件

🛠 任务实施

完成这个任务首先应具备的知识与技能有：几何公差的概念，直线度、圆度、圆柱度的概念；检验直线度、圆度、圆柱度相关测量工具的使用知识和使用方法；耐心细致的工作态度。

1. 检测直线度的实施步骤

方法一：平尺法

① 测量器具：等厚量块（两块）、塞尺、平尺（刀口尺）。

② 测量步骤如下（图 2-2）。

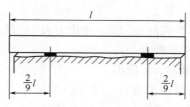

图 2-2　直接间隙法测量原理

a. 将平尺置于被测零件的母线（直线）上，并在离平尺两端约 $\frac{2}{9}l$（l 为平尺长度）处垫上等厚量块。

b. 用片状塞规或塞尺直接测出平尺工作面与被测直线之间的距离。

c. 测得的最大距离减等厚量块的厚度即为所求的直线度误差近似值。

本方法适用于低精度被测零件的直线度误差测量。

方法二：指示器法

用带指示器的测量装置测出被测零件的被测直线相对测量基线的偏离量，进而评定直线度误差值。该方法适用于中、小平面及圆柱、圆锥面素线或轴线等的直线度误差测量。

① 测量器具：千分表、表座、工具平板、轴零件支承工具（偏摆仪或分度三爪卡盘）。

② 测量步骤如下（图 2-3）。

百分表的使用—微课

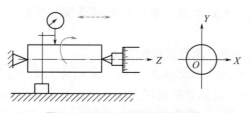

图 2-3　任意方向直线度测量原理

a. 被测零件安装在平行于平板且具有精密分度装置的两同轴顶尖之间。

b. 确定横向测量截面数及各截面上的等分测量点数。

c. 转动被测零件，在各横向截面上对等分测量点逐一进行测量，并记录各点的示值。

d. 将各点的示值绘制在极坐标图上（或按其他方法），按最小区域圆心、最小二乘圆心之一确定各截面中心坐标值（X、Y、Z）。

e. 进行数据处理，求出直线度误差值。

f. 按上述方法测量若干条素线，取其中的最大值作为被测零件的直线度误差值。

③ 数据处理。

a. 以各测得点中的两个端点坐标值 $[(X_0，Y_0，Z_0)$ 和 $(X_n，Y_n，Z_n)]$ 求出两端点连线的直线方程系数 q、p 作为初始值：

$$q = \frac{X_n - X_0}{Z_n - Z_0}$$

$$p = \frac{Y_n - Y_0}{Z_n - Z_0}.$$

b. 将各测得点的坐标值代入下式，算出各点距该直线的径向距离：

$$R_i = [(X_i - X_0 - qZ_i)^2 + (Y_i - Y_0 - pZ_i)^2]^{1/2}$$

c. 找出 R_i 中的最大值 f_1。

d. 按一定优化方法改变 X_0、Y_0、p、q 值。

e. 按 R_i 计算式逐个计算变换后的 R_i 值，并找出 R_i 中的最大值 f_2。

f. 将 f_1 与 f_2 相比较，使较小者为 f_1。

g. 反复进行 d～f 的步骤，使 f_1 为最小。

h. 最后求出的最小值 f_1 的两倍即为直线度误差值 ϕf。

方法三：合像水平仪测量法

对如机床导轨这样的长线形零件的直线测量，常采用合像水平仪进行。将固定有水平仪的桥板放置在被测直线上，等跨距首尾衔接地拖动桥板，测出被测直线各相邻两点连线相对水平面（或其垂面）的倾斜角，通过数据处理求出直线度误差值，如图 2-4 所示。

图 2-4　用合像水平仪测直线度
a—桥板；b—水平仪；c—被测直线

测量步骤如下。

① 根据被测直线的长度，确定分段数 n 和桥板跨距 L，并在被测直线上标出各测点的位置。

② 用水平仪将被测直线大致调成水平，沿被测直线等跨距首尾衔接地拖动桥板，同时记录各点示值 a_i（$i = 1, 2, \cdots, n$）。

③ 按作图法进行数据处理，求出直线度误差。

④ 数据处理：测量长度为 1200mm 的导轨，采用跨距 $L = 165$mm，取 5 段测量数据，按表 2-1 制表，并按表处理。测量数据直接用水平仪上的格数表示，相对读数是读数值相对一个相对零位的相对值，如表 2-1 中取相对零位读数为 60。这个相对零位读数的选取会影响作图，一般取一个读数平均值左右的测量读数值。

表 2-1　合像水平仪测量直线度数据处理

测量分段/mm	0～165	165～330	330～495	495～660	660～825	825～990
读数值/格	60	65	65.5	59	61	59
相对读数/格	0	+5	+5.5	-1	+1	-1
累加值/格	0	+5	+10.5	+9.5	+10.5	+9.5

⑤ 作图：将表中的累加值按一定比例作出如图 2-5 所示的折线图，横坐标（长度）、纵坐标（累加值）可以按不同的比例取值。按最小条件作出误差包容线，换算成误差值，公式为：

$$\Delta = \frac{0.01}{1000} \times 165f$$

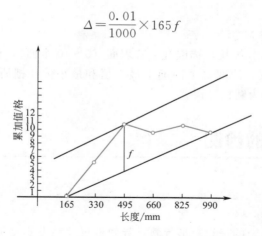

图 2-5　用最小条件作图

2. 检测圆度的实施步骤

方法一：用指示器测量圆度

① 测量器具：偏摆仪、指示器、指示器座。

② 测量步骤如下。

a. 将被测零件安装到偏摆仪上。

b. 在被测圆表面上取一个圆，把千分表测杆预压到该圆表面，并将读数值置为零。

c. 缓慢地转动零件，读出千分表上的最大偏摆值和最小偏摆值，并记录下来，用最大值减最小值除以 2，即为圆度误差值。

d. 在被测表面上多找几个圆测量，取平均值，作为最后的圆度误差。

方法二：用圆度仪测量圆度

① 测量器具：圆度仪。

② 测量步骤如下（图 2-6）。

a. 安装好被测零件。

b. 转动传感器测头绕被测表面一周，并在记录纸上画出零件的实际圆轮廓。

c. 将标准透明板置于记录纸上，按最小区域包容圆轮廓，如图 2-6(e) 所示。

d. 进行数值处理，并记录。

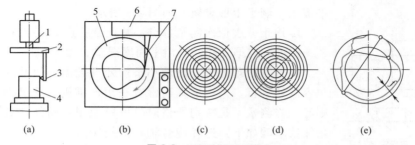

(a)　　(b)　　(c)　　(d)　　(e)

图 2-6　用圆度仪测量圆度

1—圆度仪回转轴；2—传感器；3—测量头；4—被测零件；5—转盘；6—放大器；7—记录笔

3. 检测圆柱度的实施步骤

① 测量器具：千分表、偏摆仪。

② 测量步骤如下。

a. 安装好测量零件。

b. 把千分表读数调整到零。

c. 在被测零件上（均分等长）选取几个圆表面（5～10 个面），作为圆柱度的测量面。

d. 慢慢地转动偏摆仪，读取每个圆面上最大值和最小值，把所有的被测圆面上的最大值减去最小值除以 2，即为圆柱度误差。

任务 5　平面度的检测

平面度误差
测量—动画

📋 任务描述

图 2-7 所示为某产品上的一根矩形导轨，导轨的尺寸精度不是很高，但对导轨的导向面要求很高，有平面度要求，检测该产品。

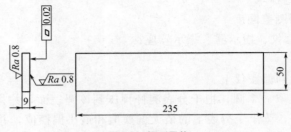

图 2-7　矩形导轨

用百分表测
量零件平面
度—微课

⚙️ 任务实施

完成这个任务首先应具备的知识与技能有：平面度的概念、平面度的测量知识与方法；测量平面度相关测量工具的使用知识和使用方法；耐心细致的工作态度。

① 方法：用指示器检测平面度。

② 测量器具：千分表、基准平面、可调支承。

③ 测量步骤如下。

a. 将导轨被测表面按一定方式画好网格（三行三列，共九个测点），用可调支承在基准平板上，调平矩形导轨，如图 2-8 所示。

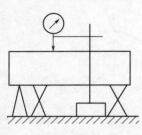

图 2-8　测量安装

b. 用千分表依次测量各点，并记录各点的值（注意正负号）。

c. 进行数据处理，得出平面度误差。

d. 数据处理方法：按最小条件处理数据，使基准平面与最小包容区域平行，判别准则通常有三角形准则、交叉准则、直线准则等，当测量不是特别严格时，可以使用对角线法处理数据。对角线法步骤如下：选择旋转轴，使旋转后，其中一条对角线的两对角数相等（最好为零）；按平面上的点在旋转中成线性比例升或降的规则，调整各测点的读数；为保持原已相等的对角线值不变，选择该对角线为旋转轴，旋转平面，使另一条对角线读数相等；在平面内取最高点（最大读数值）与最低点（最小读数值）之间的距离作为平面度误差，如图 2-9 所示，平面度误差为 9μm。

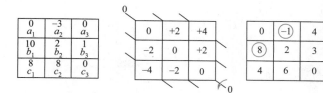

图 2-9　对角线法处理数据

任务6　平行度和垂直度的检测

📋 任务描述

图 2-10 所示箱体零件中，有两组孔系，同组内，两孔轴线相互平行，平行度为 0.02mm，组间，孔与孔间有垂直度要求，垂直度为 0.03mm。零件加工完成后，检查其合格性。

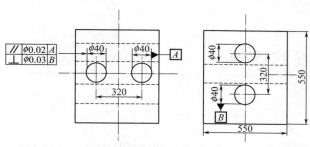

线对线平行度误差的评定与检测——微课

图 2-10　被测箱体零件

✳ 任务实施

完成这个任务首先应具备的知识与技能有：位置公差的概念，平行度、垂直度的概念；平行度、垂直度检验的方法知识；检验平行度、垂直度相关测量工具的使用知识和使用方法；耐心细致的工作态度。

1. 检测平行度的实施步骤

① 测量器具：基准平台、千分表、标准心轴、游标卡尺、可调支承。

② 操作步骤如下。

a. 按图 2-11 安装好被测零件。

b. 竖直方向的平行度测量：用千分表找正一根标准心轴，使之与基准平台平行，如果两孔轴平行，那么箱体两孔应该分别与基准平台平行，另一根标准心轴两端与平台的高度差即为两孔轴线在垂直方向的平行度误差值。假设测量的是 A 棒，分别记作 M_c、M_d，则高度差为 $|M_c-M_d|$。

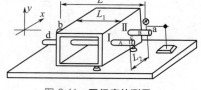

图 2-11　平行度的测量

c. 水行方向的平行度测量：用游标卡尺分别测量两标准心轴两端间的距离，如果有误差，则两端距离不等，差值为水平方向的平行度误差，如果没有误差，则两测量值应该相等。假设测量值分别记作 L_3、L_4，则两标准棒在水平方向的差为 $|L_3-L_4|$。

d. 数据处理：按公式计算，公式为

$$f_x = \frac{L_1}{L}\,|L_3 - L_4|, \quad f_y = \frac{L_1}{L}\,|M_c - M_d|$$

$$f = \sqrt{f_x^2 + f_y^2}$$

2. 检测垂直度的实施步骤

① 测量器具：基准平台、千分表、标准心轴、90°标准角尺、可调支承。

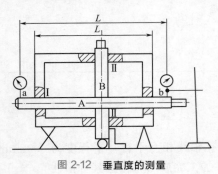

图 2-12　垂直度的测量

② 操作步骤如下。

a. 按图 2-12 安装好被测零件。

b. 用 90°标准角尺找正竖直的标准心轴，使之与基准平台垂直，如果两孔轴垂直，那么另一根水平标准轴应该与基准平台平行，另一根标准心轴两端与基准平台的高度差即为两孔轴线的垂直度误差值。

c. 数据处理：按公式计算，公式为

$$f = \frac{L_1}{L}\,|M_a - M_b|$$

任务 7　对称度的检测

任务描述

图 2-13 所示为一根常见的传动轴，现需要测量键槽的对称度误差。

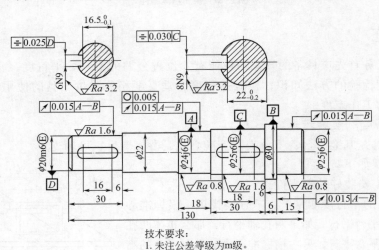

技术要求：
1. 未注公差等级为m级。
2. 材料为45钢。

图 2-13　传动轴零件图

任务实施

完成这个任务首先应具备的知识与技能有：对称度公差的概念；对称度检验的方法知识；检验对称度相关测量工具的使用知识和使用方法；耐心细致的工作态度。

① 测量器具：基准平台、千分表、V 形块、定位块（量块）。

② 操作步骤如下。

a. 如图 2-14 所示安装零件到 V 形块上，并将定位块镶入键槽中，基准轴线由 V 形块模拟，被测中心平面由定位块模拟。

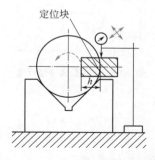

图 2-14 测量对称度安装示意

b. 截面测量：调整被测件使定位块沿径向与平板平行，测量定位块至平板的距离，再将被测件旋转 180°后重复上述测量，得到该截面上下两对应点的读数差 a，则 $f_{截} = ah/(d-h)$。

c. 长向测量：沿键槽长度方向测量，取长向两点的最大读数差为长向对称度误差 $f_长 = a_高 - a_低$。

d. 最大值作为该零件的对称度误差。

任务 8　位置度的检测

📋 任务描述

如图 2-15 所示，现需要测量四个均布孔的位置度误差。

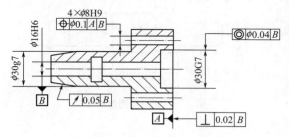

图 2-15 有位置度任务的零件

✳ 任务实施

完成这个任务首先应具备的知识与技能有：位置度公差的概念；位置度检验的方法知识；检验位置度相关测量工具的使用知识和使用方法；耐心细致的工作态度。

① 测量器具：工具显微镜。

② 操作步骤如下。

a. 按基准调整被测件，使其与测量装置的坐标方向一致。

b. 将心轴放置在孔中，在靠近被测零件的板面处，测量 x_1、x_2、y_1、y_2，如图 2-16 所示。

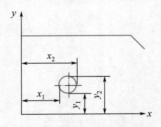

图 2-16　工具显微镜坐标值

c. 计算实际孔心位置的坐标为

$$x' = (x_1 + x_2)/2$$
$$y' = (y_1 + y_2)/2$$

实际孔心相对于理想轴心位置的坐标差为

$$f_x = x' - x$$
$$f_y = y' - y$$

d. 位置度误差为

$$f = 2\sqrt{f_x^2 + f_y^2}$$

任务 9　同轴度和跳动的检测

📑 任务描述

请检验图 2-17 所示零件中的同轴度误差，检验图 2-13 零件中的跳动误差。

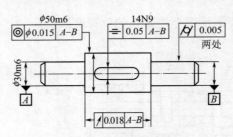

图 2-17　同轴度测量零件

✳ 任务实施

完成这个任务首先应具备的知识与技能有：同轴度、跳动公差的概念；同轴度、跳动公差检验的方法知识；检验同轴度、跳动公差相关测量工具的使用知识和使用方法；耐心细致的工作态度。

① 测量器具：偏摆仪、千分表。

② 操作步骤如下。

a. 将零件安装到偏摆仪上。

b. 将两指示表分别在上、下垂直截面调零，取指示表在垂直于基准轴线的正截面上对应点读数差值作为该截面上的同轴度误差，如图 2-18 所示。

　　c.用一个指示器测量跳动，指示器的差值为跳动误差，如图 2-19 所示。

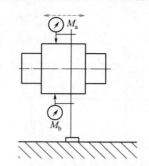

图 2-18　同轴度测量指示器安装

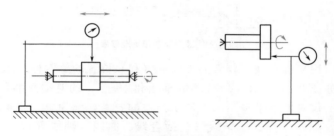

图 2-19　跳动测量指示器安装

知识拓展

一、几何公差基本术语

1. 机械零件的构成要素

　　零件的要素是指构成零件的具有几何特征的点、线、面。图 2-20 所示的零件就是由各个要素组成的几何体，它由顶点、球心、轴线、圆柱面、球面、圆锥面和平面等要素组成。要素可从不同角度分为 6 类。

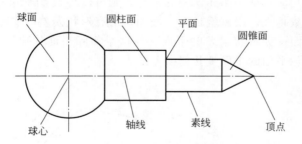

图 2-20　构成零件几何特征的要素

　　（1）理想要素　具有几何学意义的要素，它是具有理想形状的点、线、面。该要素严格符合几何学意义，而没有任何误差，如图样上给出的几何要素均为理想要素。

　　（2）实际要素　零件上实际存在的要素。实际要素通常用测量所得到的要素来代替。但是由于测量过程中存在测量误差，因此测得的要素状况并非实际要素的真实状况。

（3）被测要素　在图样上给出几何公差要求的要素。被测要素即为图样上几何公差代号箭头所指的要素。如图 2-21 所示，ϕ100f6 外圆和 $40_{-0.05}^{0}$，右端面是被测要素。

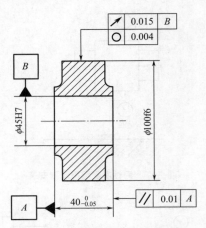

图 2-21　被测要素和基准要素

（4）基准要素　用来确定被测要素的方向或（和）位置的要素称为基准要素。理想的基准要素称为基准。如图 2-21 所示，ϕ45H7 的轴线和 $40_{-0.05}^{0}$ 的左端面都是基准。

（5）单一要素　仅对要素本身给出了形状公差的要素，称为单一要素。单一要素是不给定基准关系的要素，如一个点、一条线（包括直线、曲线、轴线等）、一个面（包括平面、圆柱面、圆锥面、球面、中心面或公共中心面等）。如图 2-21 所示，ϕ100f6 圆柱表面的圆度有精度要求，所以 ϕ100f6 圆柱表面就是单一被测要素。

（6）关联要素　对其他要素具有功能关系的要素称为关联要素。所谓功能关系是指要素与要素之间具有某种确定方向或位置关系（如垂直、平行、倾斜、对称或同轴等）。如图 2-21 所示，右端面对左端面有平行功能要求，因此，可以认为关联被测要素就是有位置公差要求的被测要素。

2. 机械零件的几何误差

零件精度一般包括尺寸精度、形状精度、位置精度和表面结构特征 4 个方面。从加工角度看，零件总是有一定的误差，但是，为了保证零件的互换性，必须对零件的几何误差给予合理的限制。

若单纯用零件的几何特征来阐述误差的概念，则可以将误差理解为是被测要素相对理想要素的变动量。变动量越大，误差就越大。例如，对有形状误差的实际平面进行平面度误差检测时，可用理想平面（无形状误差的平面）与这个实际平面作比较，如图 2-22 所示，就可以找出这个被测实际平面的平面度几何误差的大小。

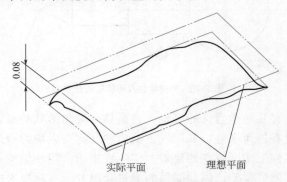

图 2-22　实际要素与理想要素的比较

3. 几何公差带

几何公差带是指限制实际要素变动的区域。

（1）几何公差带的特点

① 形状误差值用最小包容区域（简称最小区域）的宽度或直径表示。

最小包容区域是指包容被测要素时，具有最小宽度或直径的包容区域。最小区域的形状应与公差带的形状一致（即应服从设计要求）；公差带的方向和位置则应与最小区域一致（在设计本身无要求的前提下应服从误差评定的需要）。最小区域体现的原则称为最小条件原则，是评定形状误差的基本原则。遵守它，可以最大限度地通过合格检测。但是，在许多情况下，又可能使检测和数据处理复杂化，因此，允许在满足零件功能要求的前提下，用近似最小区域的方法来评定形状误差值。近似方法得到的误差值，只要小于公差值，零件在使用中会更趋可靠；但若大于公差值，则在仲裁时应按最小条件原则。

② 定向公差有平行度、垂直度和倾斜度 3 个项目。

定向公差带有如下特点：相对于基准有方向要求（平行、垂直或倾斜——理论正确角度）；在满足方向要求的前提下，公差带的位置可浮动；能综合控制被测要素的形状误差，即若被测要素的定向误差 f 不超过定向公差 t，其自身的形状也不超过 t，因此，当对某一被测要素给出定向公差后，通常不再对该要素给出形状公差。如果在功能上需要对形状精度作进一步要求，则可同时给出形状公差，当然，形状公差值一定小于定向公差值。

定向误差值用定向最小包容区域（简称定向最小区域）的宽度或直径表示。定向最小区域是指按公差带要求的方向来包容被测实际要素时，具有最小宽度或直径的包容区域，它的形状与公差带一致，宽度或直径由被测实际要素本身决定。

③ 定位公差有同轴度、对称度和位置度 3 个项目。

定位公差带有如下特点：相对于基准有位置要求；方向要求包含在位置要求之中；能综合控制被测要素的方向和形状误差；当对某一被测要素给出定位公差后，通常不再对该要素给出定向和形状公差。如果在功能上对方向和形状有进一步要求，则可同时给出定向或形状公差。

最小区域—
动画

定位误差值用定位最小包容区域（简称定位最小区域）的宽度或直径表示。定位最小区域是指按要求的位置来包容被测要素时，具有最小宽度或直径的包容区域，它的形状与公差带一致，宽度或直径由被测实际要素本身决定。

④ 跳动公差分为圆跳动公差和全跳动公差。

圆跳动公差是指被测实际要素在某种量测截面内相对于基准轴线的最大允许变动量。根据量测截面的不同，圆跳动分为径向圆跳动（量测截面为垂直于轴线的正截面）、端面圆跳动（也称轴向圆跳动，量测截面为与基准同轴的圆柱面）和斜向跳动（量测截面为素线与被测锥面的素线垂直或成一指定角度、轴线与基准轴线重合的圆锥面）。

全跳动公差是指整个被测实际表面相对基准轴线的最大允许变动量。被测表面为圆柱面的全跳动称为径向全跳动，被测表面为平面的全跳动称为端面全跳动。

跳动公差被认为是针对特定的量测方法定义的几何公差项目，因而可以从量测方法上理解其意义。同时，与其他项目一样，也可以从公差带角度理解其意义。后者对于正确理解跳动公差与其他项目公差的关系从而做出正确设计具有更直接的意义。

除端面全跳动外，跳动公差带有如下特点：跳动公差带相对于基准有确定的位置；

跳动公差带可以综合控制被测要素的位置、方向和形状（端面全跳动相对于基准仅有确定的方向）。

跳动误差通常简称为跳动，从测量的角度来看，定义如下：

a. 圆跳动。被测实际要素绕基准轴线无轴向移动地回转一周时，由位置固定的指示器在给定方向上测得的最大与最小读数之差称为该测量面上的圆跳动，取各测量面上圆跳动的最大值作为被测量面的圆跳动。

b. 全跳动。被测实际要素绕基准轴线作无轴向移动的回转，同时指示器沿理想素线连续移动（或被测实际要素每回转一周，指示器沿理想素线作间断移动），由指示器在给定方向上测得的最大与最小读数之差。

（2）几何公差带的构成要素

几何公差带是用来限制实际要素变动的区域。构成零件实际要素的点、线、面都必须处在该区域内，零件才为合格。几何公差带的构成虽然比较复杂，但是它主要由大小、形状、位置和方向 4 个要素构成，并形成 9 种公差带形式，如图 2-23 所示，用在 14 个几何公差项目中。

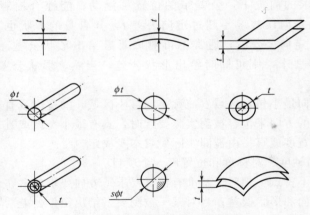

图 2-23　几何公差带的形状

① 公差带的形状　是由各个公差项目的定义决定的，如图 2-23 所示。

② 公差带的大小　用公差值表示，公差值和公差带是多种多样的，如图 2-23 所示。公差带形状可分为用公差值 t 表示宽度的两条平行直线、两等距曲线、两同心圆、两同轴圆柱、两平行平面、两等距曲面；也有用公差值 t 表示直径的一个圆、一个球、一个圆柱。因此，几何公差值 t 可以是公差带的宽度或直径。

③ 公差带的方向

a. 形状公差带的方向。形状公差带的方向是公差带的延伸方向，它与测量方向垂直。公差带的实际方向是由最小条件决定的，如图 2-24(a) 所示，h_1 为最小。

b. 位置公差带的方向。位置公差带的方向也是公差带的延伸方向，它与测量方向垂直。公差带的实际方向与基准保持图样上给定的几何关系，如图 2-24(b) 所示。

④ 公差带的位置　公差带的位置分浮动和固定两种。

a. 浮动位置公差带。零件的实际尺寸在一定的公差所允许的范围内变动，因此有的要素位置就必然随着变动，这时几何公差带的位置也会随着零件实际尺寸的变动而变动，这种公差带称为浮动公差带。如图 2-25 所示，平行度公差带位置随着实际尺寸（20.05 和 19.95）的变动，其公差带位置不同。但是，几何公差范围应在尺寸公差带之内，而几何公差带 $t \leqslant$

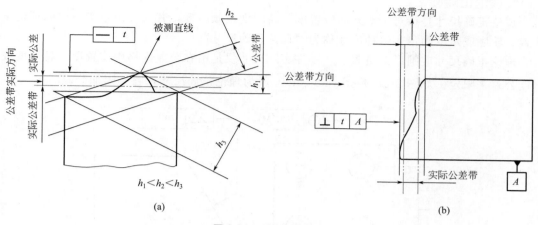

图 2-24　公差带的方向

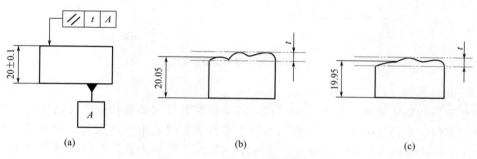

图 2-25　公差带位置浮动的情况

尺寸公差 T。

　　b.固定位置公差带。几何公差带的位置给定之后，它与零件上的实际尺寸无关，不随尺寸大小变化而发生位置的变动，这种公差带称为固定位置公差带。如图 2-26 所示，ϕt_1 对 ϕt_2 有同轴度要求，ϕt_2 为基准轴线，ϕt_1 为被测轴线，公差带形状是直径为 ϕt 的圆柱面，并与 ϕt_2 轴线同轴，其位置不随被测圆柱的直径 ϕt_1 尺寸大小的变动而变化。

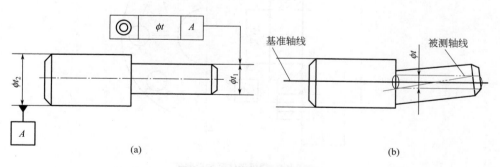

图 2-26　公差带位置固定情况

　　在几何公差带中，属于固定位置公差带的有同轴度、对称度、部分位置度、部分轮廓度等项目，其余各项几何公差带均属于浮动位置公差带。

4. 理论正确尺寸

理论正确尺寸是指对于要素的位置度、轮廓度或倾斜度,其尺寸由不带公差的理论正确位置、轮廓或角度确定,这种尺寸称为"理论正确尺寸"。

理论正确尺寸应围以框格表示,零件实际尺寸仅是由在公差框格中位置度、轮廓度或倾斜度公差来限定。如图 2-27 所示, 25 、 60° 就为理论正确尺寸,它不附加公差。

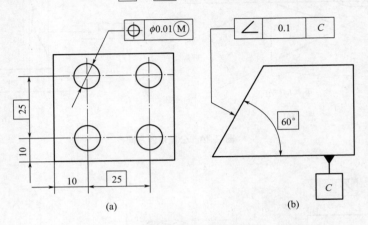

图 2-27 理论正确尺寸

5. 延伸公差带

根据零件的功能要求,位置度和对称度需要延伸到被测要素长度界线以外时,该公差带为延伸公差带。延伸公差带的主要作用是防止零件装配时发生干涉现象。延伸公差带分为靠近形体延伸公差带和远离形体延伸公差带两种。图 2-28 所示为靠近形体延伸公差带。图 2-29 所示为远离形体延伸公差带。

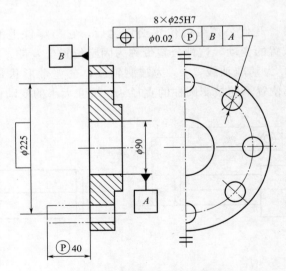

图 2-28 靠近形体延伸公差带

延伸公差带的延伸部分用双点画线绘制,并在图样上注出相应的尺寸。在延长部分尺寸数字前和公差框格中的公差后分别加注符号Ⓟ。

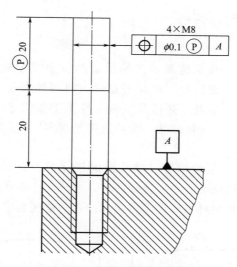

图 2-29　远离形体延伸公差带

6. 基准目标

当需要在基准要素上指定某些点、线或局部表面来体现各种基准平面时，应标注基准目标。基准目标按下列方法标注在图样上。

① 当基准目标为点时，用"×"表示，如图 2-30（a）所示。

② 当基准目标为线时，用细实线表示，并在棱边上加"×"，如图 2-30（b）所示。

③ 当基准目标为局部表面时，用双点画线绘出该局部表面图形，并画上与水平线成 45°的细实线，如图 2-30（c）所示。

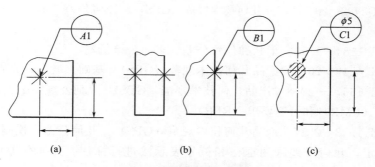

(a)　　　　　　　　　(b)　　　　　　　　　(c)

图 2-30　基准目标的表示方法

基准目标是由基准目标代号表示的，如图 2-31 所示。基准代号的圆圈用细实线画出，圈内分上下两部分，上半部分填写给定的局部表面尺寸（直径或边长×边长），下半部分填写基准代号的字母。基准目标的指引线自圆圈的径向引出箭头指向基准目标。

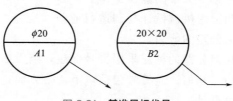

图 2-31　基准目标代号

二、几何公差的类型与符号

1. 几何精度的定义

几何公差与尺寸公差一样，是衡量产品质量的重要技术指标之一。零件的形状和位置误差对产品的工作精度、密封性、运动平稳性、耐磨性和使用寿命等都有很大的影响。特别对那些经常处于高速、高温、高压及重载条件下工作的零件更为重要。为此，不仅要控制零件的几何尺寸误差、表面粗糙度，而且还要控制零件的形状误差和零件表面相互位置的误差。

图 2-32 所示的光滑轴，尽管轴各段横截面的尺寸都控制在 ϕ20f7 尺寸范围内，但是，由于该轴发生弯曲，将会造成不能与配合孔装配，或改变原设计的配合性质。为了保证机器零件的互换性的要求，就必须对零件提出形状和位置的精度要求。

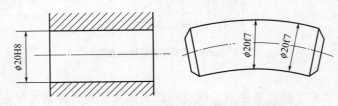

图 2-32　形状和位置误差对配合的影响示意图

形状和位置精度就是指构成零件形状的实际要素与理想形状要素和位置要素相符合的程度。

为了控制形状和位置误差，国家制定和发布了相关标准，以便在零件的设计、加工和检测等过程中对形状和位置公差有统一的认识和标准。现行国家标准主要有：

（1）GB/T 1182—2018《产品几何技术规范（GPS）　几何公差　形状、方向、位置和跳动公差标注》。

（2）GB/T 1184—1996《形状和位置公差　未注公差值》。

（3）GB/T 4249—2018《产品几何技术规范（GPS）　基础　概念、原则和规则》。

（4）GB/T 16671—2018《产品几何技术规范（GPS）　几何公差　最大实体要求（MMR）、最小实体要求（LMR）和可逆要求（RPR）》。

（5）GB/T 1958—2017《产品几何技术规范（GPS）　几何公差　检测与验证》。

国标中规定，几何公差采用框格和符号表示法进行标注。几何公差的标注有如下的优点：

（1）符号简单形象，便于使用和记忆。

（2）在图样上标注醒目、清晰，被测要素与基准要素表达明确。

（3）几何公差有统一名称、统一术语和统一精度值。

（4）便于国际交流，可减少大量的翻译工作。

几何公差已成为国际和国内机械设计与制造行业技术交流的"语言"，设计和生产人员都必须具备使用和识读几何公差的能力。

国标规定：在图样中几何公差的标注采用符号标注，当无法用符号标注时，也允许在技术要求中用相应的文字说明。几何公差符号包括以下 4 个方面：

（1）几何公差特征项目符号。

（2）几何公差的框格和指引线。

（3）几何公差的数值和其他有关符号。

（4）基准符号。

2. 几何公差的特征项目符号

国家标准（GB/T 1182—2018）规定的几何公差的特征项目分为形状公差、位置公差、方向公差、跳动公差四大类，共计 19 个，它们的名称和符号见表 2-2。

表 2-2　几何公差项目及其符号

公差	特征	符号	有无基准	公差	特征	符号	有无基准
形状	直线度	—	无	位置	位置度	⊕	有或无
	平面度	▱	无		同轴度（用于轴线）	◎	有
	圆度	○	无		同心度（用于中心点）	◎	有
	线轮廓度	⌒	无	方向	平行度	//	有
	面轮廓度	⌒	无		垂直度	⊥	有
	圆柱度	⌖	无		倾斜度	∠	有
位置	对称度	=	有		线轮廓度	⌒	有
	线轮廓度	⌒	有		面轮廓度	⌒	有
	面轮廓度	⌒	有	跳动	圆跳动	↗	有
					全跳动	⌰	有

3. 几何公差的框格和指引线

几何公差采用框格形式标注，框格用细实线绘制，如图 2-33 所示。每一个公差框格内只能表达一项几何公差的要求，公差框格根据公差的内容要求可分两格和多格。公差框格可以水平放置，也可以垂直放置，自左至右或从下到上依次填写公差符号、公差数值（单位为mm）、基准代号字母，第二格及其后各格中还可能填写其他有关符号。

图 2-33　标注几何公差的框格

形状公差无基准，形状公差的公差框格只有两格，如图 2-34 所示。而位置公差框格可用 3 格和多格。

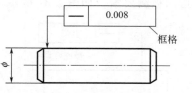

图 2-34　用框格标注形状公差

4. 几何公差的数值和符号

几何公差的数值是从相应的几何公差表查出的，并标注在框格的第二格中。框格中的数字和字母的高度应与图样中的尺寸数字高度相同。被测要素、基准要素的标注要求及其他附加符号，见表 2-3。

表 2-3　被测要素、基准要素的标注要求及其他附加符号

说明		符号	说明	符号
被测要素的标注	直线		最大实体要求	Ⓜ
	用字母	A	最小实体要求	Ⓛ
基准要素的标注		A	可逆要求	Ⓡ
基准目标的标注		$\dfrac{\phi 2}{A1}$	延伸公差带	Ⓟ
理论正确尺寸		50	自由状态(非刚性零件)条件	Ⓕ
包容要求		Ⓔ	全周(轮廓)	

5. 几何公差的基准符号

对有位置公差要求的零件被测要素,在图样上必须标明基准要素。

与被测要素相关的基准用一个大写字母表示。字母标注在基准方格内,与一个涂黑的或空白的三角形相连以表示基准,如图 2-35、图 2-36 所示,表示基准的字母应标注在公差框格内。涂黑的或空白的基准三角形含义相同。

图 2-35　**基准符号**　　　　　　　图 2-36　**基准字母的书写**

三、几何公差的标注

1. 几何公差被测要素的标注方法

被测要素是检测对象,国标规定:图样上用带箭头的指引线将被测要素与公差框格一端相连,指引线的箭头应垂直地指向被测要素,如图 2-37 所示。

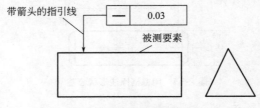

图 2-37　**带箭头的指引线**

指引线的箭头按下列方法与被测要素相连:指引线可从框格的任一端引出,引出段垂直于框格,引向被测要素时允许弯折,但不得多于两次。指引线箭头所指的应是公差带的宽度

或直径方向。跳动公差框格指引线箭头与测量方向一致。

（1）被测要素为直线或表面时的标注　当被测要素为直线或表面，指引线的箭头应指到该要素的轮廓线或轮廓线的延长线上，并且应与尺寸线明显错开，如图 2-38 所示。

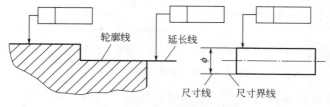

几何公差被测要素的标注方法—微课

图 2-38　被测要素（轮廓线）

（2）被测要素为轴线、球心或中心平面时的标注　当被测要素为轴线、球心或中心平面时，指引线的箭头应与该要素的尺寸线对齐，如图 2-39 所示。

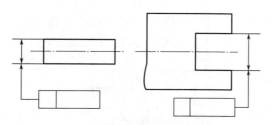

图 2-39　被测要素（轴线、中心线）

（3）被测要素为圆锥体轴线时的标注　当被测要素为圆锥体轴线时，指引线箭头应与圆锥体的直径尺寸线（大端或小端）对齐，如图 2-40（a）所示。如果直径尺寸线不能明显地区别圆锥体或圆柱体，则应在圆锥体里画出空白尺寸线，并将指引线的箭头与空白尺寸线对齐，如图 2-40（b）所示。如果锥体是使用角度尺寸标注，则指引线的箭头应对着角度尺寸线，如图 2-40（c）所示。

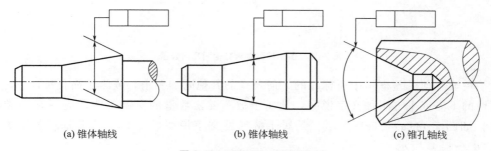

(a) 锥体轴线　　　　　　(b) 锥体轴线　　　　　　(c) 锥孔轴线

图 2-40　被测要素（圆锥体）

（4）被测要素为螺纹轴线时的标注

① 当被测要素为螺纹中径时，在图样中画出中径，指引线箭头应与中径尺寸线对齐，如图 2-41（a）所示。如果图样中未画出中径，指引线箭头可与螺纹尺寸线对齐，如图 2-41（b）所示，但其被测要素仍为螺纹中径轴线。

② 当被测要素不是螺纹中径时，则应在框格下面附加说明。若被测要素是螺纹大径轴线时，则应用"MD"表示，如图 2-41（c）所示。若被测要素是螺纹小径轴线时，则应用"LD"表示，如图 2-41（d）所示。

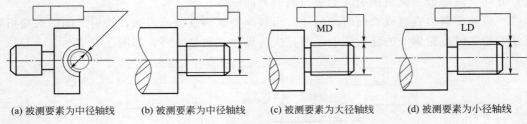

(a) 被测要素为中径轴线　　(b) 被测要素为中径轴线　　(c) 被测要素为大径轴线　　(d) 被测要素为小径轴线

图 2-41　被测要素（螺纹轴线）

（5）同一被测要素有多项几何公差要求时的标注　当同一被测要素有多项几何公差要求，其标注方法又一致时，可以将这些框格绘制在一起，只画一条指引线，如图 2-42 所示。

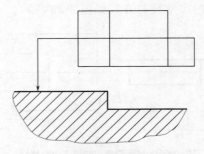

图 2-42　同一被测要素有多项几何公差

（6）多个被测要素有相同几何公差要求时的标注　当多个被测要素有相同的几何公差要求时，可以从框格引出的指引线上画出多个指引箭头，并分别指向各被测要素，如图 2-43 所示。

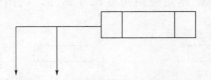

图 2-43　多个被测要素有相同几何公差

为了说明几何公差框格中所标注的几何公差的其他附加要求，或为了简化标注方法，可以在框格的下方或上方附加文字说明，凡属于被测要素数量的文字说明，应写在公差框格的上方，如图 2-44（a）～（c）所示；凡属于解释性文字说明的应写在公差框格的下方，如图 2-44（d）～（k）所示。

2. 几何公差基准要素的标注方法

对于有几何公差要求的被测要素，它的方向和位置由基准要素来确定。如果没有基准，显然被测要素的方向和位置就无法确定。因此，在识读和使用几何公差时，不仅要知道被测要素，还要知道基准要素。国标中规定，基准要素用基准符号表示。

（1）用基准符号标注基准要素　当基准要素是轮廓线或表面时，带有字母的短横线应置于轮廓线或它的延长线上（应与尺寸线明显错开），如图 2-45（a）所示。基准符号还可以置于用圆点指向实际表面的参考线上，如图 2-45（b）所示。当基准要素是轴线、中心平面或由带尺寸的要素确定的点时，则基准符号中的连线与尺寸线对齐，如图 2-45（c）所示。若尺

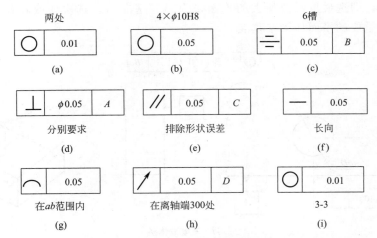

图 2-44　几何公差的其他附加要求

寸线处安排不下两个箭头可用短横线代替，如图 2-45（d）所示。

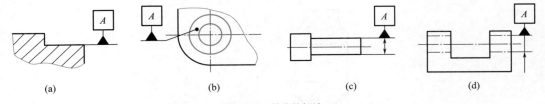

图 2-45　基准的标注

（2）基准的分类及其标注　为了确定被测要素的空间方位，有时一个基准是不够的，可能需要两个或 3 个基准。因此产生了基准的如下分类。

① 单一基准　用一个基准要素建立的基准。如图 2-46（a）所示为用基准平面 A 建立的基准。

② 公共基准　由两个或两个以上的同类基准要素建立的一个独立的基准，也称为组合基准。如图 2-46（b）所示为用二基准轴线 A 和 B 及二基准中心面 A 和 B 建立的公共基准。公共基准的表示是在组成公共基准的两个或两个以上同类基准代号的字母之间加短横线。

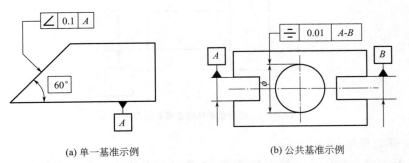

图 2-46　基准示例及标注

③ 三基准体系　由 3 个基准互相垂直的基准平面组成基准体系，如图 2-47 所示。3 个基准平面按功能要求分别称为第一基准、第二基准、第三基准。定位功能要求最强的是第一

基准，以此类推，即选最重要或最大的平面作为第一基准 A，选次要或较长的平面作为第二基准 B，选不重要的平面作第三基准 C。

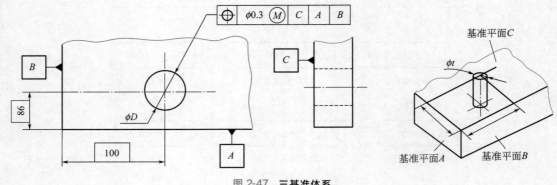

图 2-47　三基准体系

（3）任选基准的标注　有时对相关要素不指定基准，如图 2-48 所示，这种情况称为任选基准标注，也就是在量测时可以任选其中一个要素为基准。

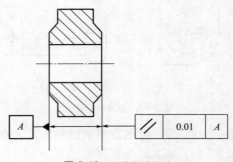

图 2-48　任选基准标注

（4）被测要素与基准要素的连接　在位置公差标注中，被测要素用指引箭头确定，而基准要素由基准符号表示，如图 2-49 所示。

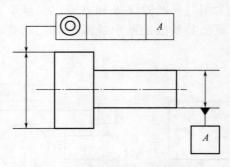

图 2-49　被测要素与基准要素的连接

3. 几何公差数值的标注

几何公差数值是几何误差的最大允许值，其数值都是指线性值，这是由公差带定义所决定的。国标中规定：几何公差值在图样上的标注应填写在公差框格第二格内。给出的公差值一般是指被测要素的全长或全面积，如果仅指被测要素某一部分，则要在图样上用粗点画线表示出要求的范围，如图 2-50 所示。

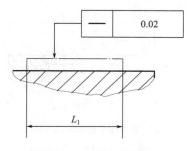

图 2-50　**被测要素范围的标注**

如果几何公差值是指被测要素的任意长度（或范围），可在公差值框格里填写相应的数值。如图 2-51（a）所示，在任意 200mm 长度内，直线度公差为 0.02mm；如图 2-51（b）所示，被测要素全长的直线度为 0.05mm，而在任意 200mm 长度内直线度公差为 0.02mm；如图 2-51（c）所示，在被测要素上任意 100mm×100mm 正方形面积上，平面度公差为 0.05mm。

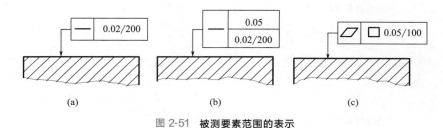

(a)　　　　　　　　　　(b)　　　　　　　　　　(c)

图 2-51　**被测要素范围的表示**

4. 几何公差附加符号的标注

对几何公差有附加要求时，应在相关的公差值后面加注有关符号，见表 2-4。

表 2-4　几何公差附加要求的标注

含义	符号	举例
只许中间向材料内凹下	（－）	$\boxed{-\ \ |\ t(-)}$
只许中间向材料外凸起	（＋）	$\boxed{\diagup\ \ |\ t(+)}$
只许从左至右减小	（▷）	$\boxed{\diamond\ \ |\ t(\triangleright)}$
只许从右至左减小	（◁）	$\boxed{\diamond\ \ |\ t(\triangleleft)}$

5. 几何公差的识读

学习几何公差的目的是掌握零件图样上几何公差符号的含义，了解技术要求，保证产品质量。在识读几何公差代号时，应首先从标注中确定被测要素、基准要素、公差项目、公差值、公差带的要求和有关文字说明等。

例 2-1　如图 2-52 所示，识读止推轴承轴盘的几何公差。

解　（1）$\boxed{\diagup\ |\ 0.01}$，表示上平面和下平面的平面度为 0.01mm。

（2）$\boxed{/\!/\ |\ 0.02\ |\ A}$，表示上、下平面的平行度为 0.02mm，属于任选基准。

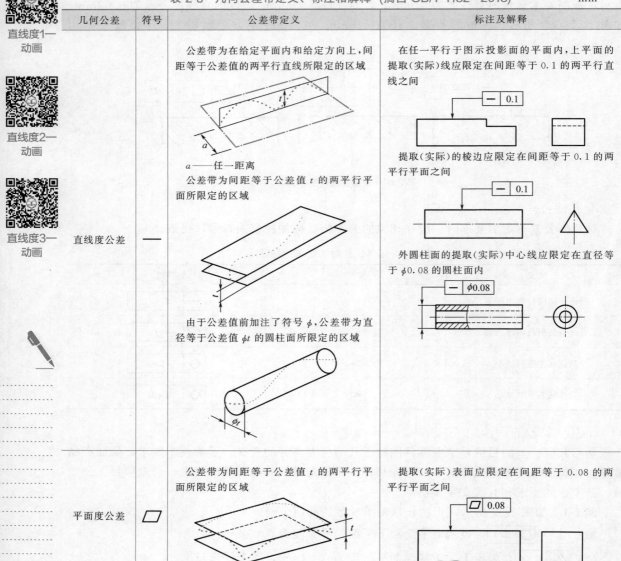

图 2-52 止推轴承轴盘的几何公差

四、几何公差带的定义、标注和解释

几何公差带定义、标注和解释示例，见表 2-5。

表 2-5 几何公差带定义、标注和解释 (摘自 GB/T 1182—2018)　　　　mm

几何公差	符号	公差带定义	标注及解释
直线度公差	—	公差带为在给定平面内和给定方向上，间距等于公差值的两平行直线所限定的区域 a——任一距离 公差带为间距等于公差值 t 的两平行平面所限定的区域 由于公差值前加注了符号 ϕ，公差带为直径等于公差值 ϕt 的圆柱面所限定的区域	在任一平行于图示投影面的平面内，上平面的提取（实际）线应限定在间距等于 0.1 的两平行直线之间 提取（实际）的棱边应限定在间距等于 0.1 的两平行平面之间 外圆柱面的提取（实际）中心线应限定在直径等于 $\phi 0.08$ 的圆柱面内
平面度公差	▱	公差带为间距等于公差值 t 的两平行平面所限定的区域	提取（实际）表面应限定在间距等于 0.08 的两平行平面之间

左侧边栏:
直线度1—动画

直线度2—动画

直线度3—动画

续表

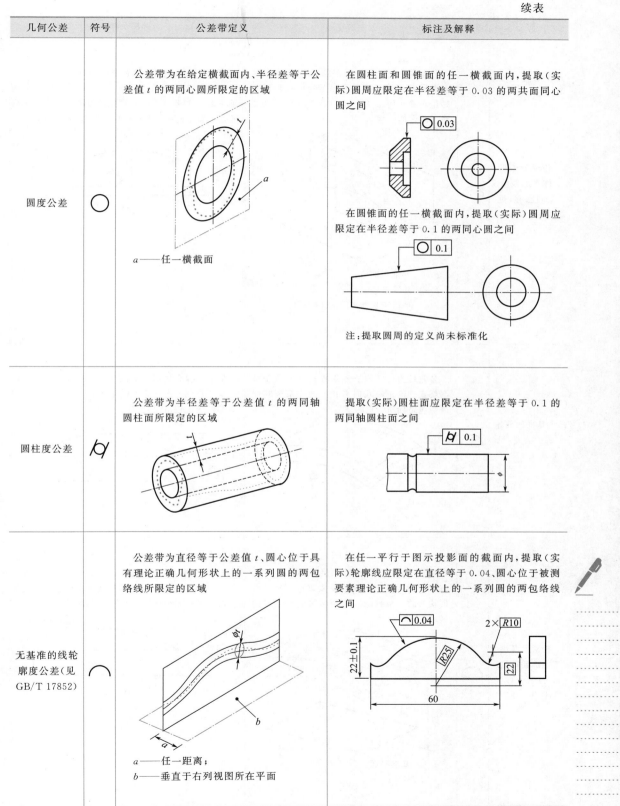

几何公差	符号	公差带定义	标注及解释
圆度公差	○	公差带为在给定横截面内、半径差等于公差值 t 的两同心圆所限定的区域 a——任一横截面	在圆柱面和圆锥面的任一横截面内,提取(实际)圆周应限定在半径差等于 0.03 的两共面同心圆之间 ○ 0.03 在圆锥面的任一横截面内,提取(实际)圆周应限定在半径差等于 0.1 的两同心圆之间 ○ 0.1 注:提取圆周的定义尚未标准化
圆柱度公差	/○/	公差带为半径差等于公差值 t 的两同轴圆柱面所限定的区域	提取(实际)圆柱面应限定在半径差等于 0.1 的两同轴圆柱面之间 /○/ 0.1
无基准的线轮廓度公差(见 GB/T 17852)	⌒	公差带为直径等于公差值 t、圆心位于具有理论正确几何形状上的一系列圆的两包络线所限定的区域 a——任一距离; b——垂直于右列视图所在平面	在任一平行于图示投影面的截面内,提取(实际)轮廓线应限定在直径等于 0.04、圆心位于被测要素理论正确几何形状上的一系列圆的两包络线之间 ⌒ 0.04 $2×R10$ $22±0.1$ $R25$ 22 60

几何公差	符号	公差带定义	标注及解释
相对于基准体系的线轮廓度公差（见 GB/T 17852）	⌒	公差带为直径等于公差值 t、圆心位于由基准平面 A 和基准平面 B 确定的被测要素理论正确几何形状上的一系列圆的两包络线所限定的区域 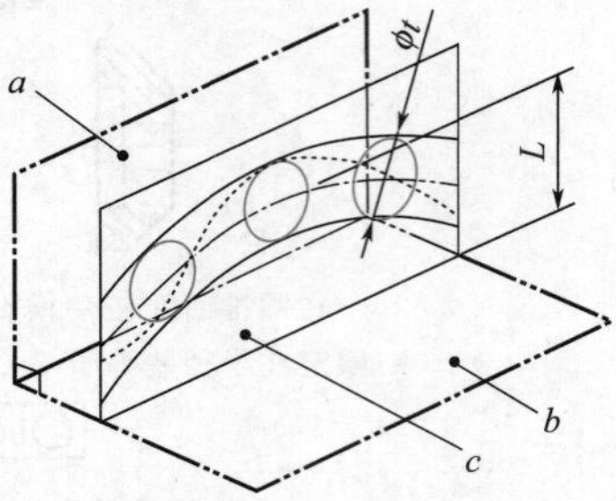 a——基准平面 A； b——基准平面 B； c——平行于基准平面 A 的平面	在任一平行于图示投影平面的截面内，提取（实际）轮廓线应限定在直径等于 0.04、圆心位于由基准平面 A 和基准平面 B 确定的被测要素理论正确几何形状上的一系列圆的两等距包络线之间 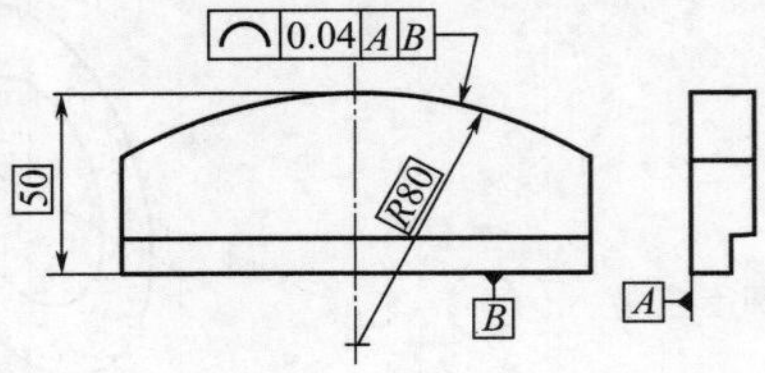
无基准的面轮廓度公差（见 GB/T 17852）	⌒	公差带为直径等于公差值 t、球心位于被测要素理论正确几何形状上的一系列圆球的两包络面所限定的区域 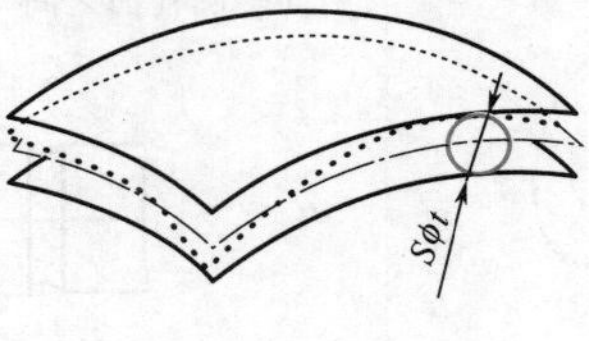	提取（实际）轮廓面应限定在直径等于 0.02、球心位于被测要素理论正确几何形状上的一系列圆球的两等距包络面之间 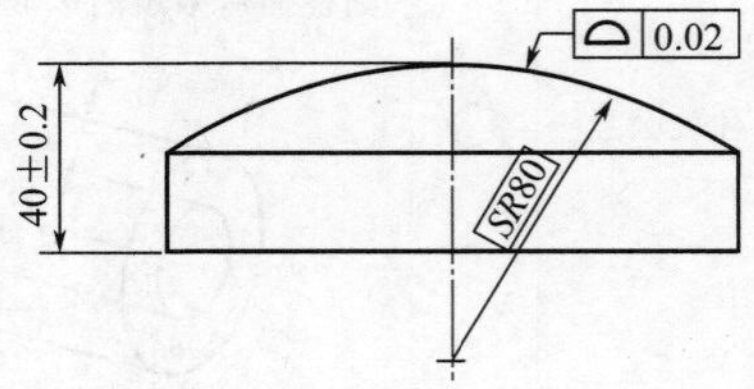
相对于基准的面轮廓度公差（见 GB/T 17852）	⌒	公差带为直径等于公差值 t、球心位于由基准平面 A 确定的被测要素理论正确几何形状上的一系列圆球的两包络面所限定的区域 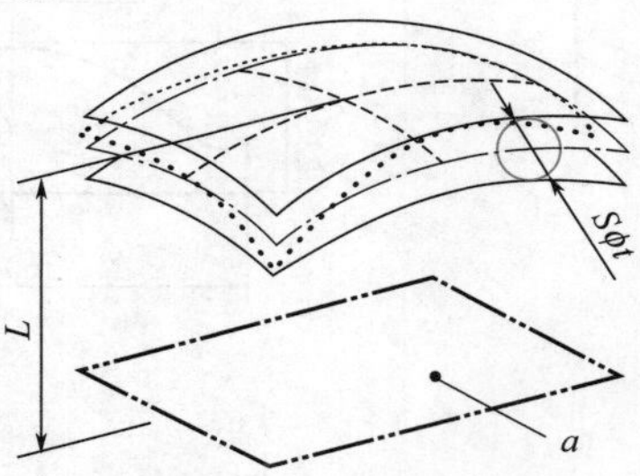 a——基准平面	提取（实际）轮廓面应限定在直径等于 0.1、球心位于由基准平面 A 确定的被测要素理论正确几何形状上的一系列圆球的两等距包络面之间 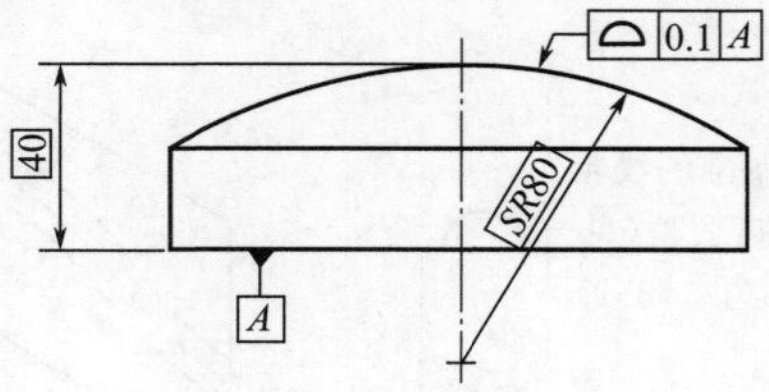

几何公差	符号	公差带定义	标注及解释

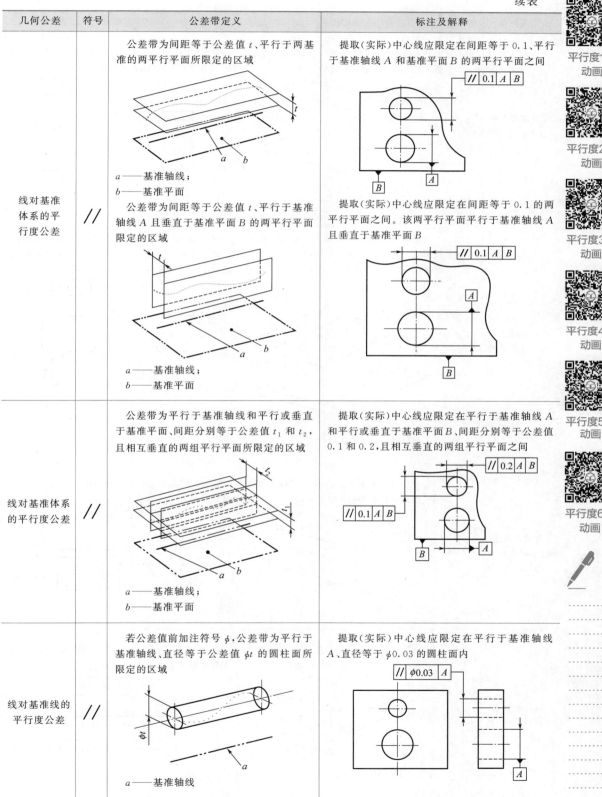

线对基准体系的平行度公差　//

公差带定义（上）：公差带为间距等于公差值 t、平行于两基准的两平行平面所限定的区域

a——基准轴线；
b——基准平面

公差带定义（下）：公差带为间距等于公差值 t、平行于基准轴线 A 且垂直于基准平面 B 的两平行平面限定的区域

a——基准轴线；
b——基准平面

标注及解释（上）：提取（实际）中心线应限定在间距等于 0.1、平行于基准轴线 A 和基准平面 B 的两平行平面之间

// | 0.1 | A | B

标注及解释（下）：提取（实际）中心线应限定在间距等于 0.1 的两平行平面之间。该两平行平面平行于基准轴线 A 且垂直于基准平面 B

// | 0.1 | A | B

线对基准体系的平行度公差　//

公差带定义：公差带为平行于基准轴线和平行或垂直于基准平面、间距分别等于公差值 t_1 和 t_2、且相互垂直的两组平行平面所限定的区域

a——基准轴线；
b——基准平面

标注及解释：提取（实际）中心线应限定在平行于基准轴线 A 和平行或垂直于基准平面 B、间距分别等于公差值 0.1 和 0.2、且相互垂直的两组平行平面之间

// | 0.2 | A | B
// | 0.1 | A | B

线对基准线的平行度公差　//

公差带定义：若公差值前加注符号 ϕ，公差带为平行于基准轴线、直径等于公差值 ϕt 的圆柱面所限定的区域

a——基准轴线

标注及解释：提取（实际）中心线应限定在平行于基准轴线 A、直径等于 $\phi0.03$ 的圆柱面内

// | $\phi0.03$ | A

平行度1—动画

平行度2—动画

平行度3—动画

平行度4—动画

平行度5—动画

平行度6—动画

续表

几何公差	符号	公差带定义	标注及解释
线对基准面的平行度公差	//	公差带为平行于基准平面、间距等于公差值 t 的两平行平面所限定的区域 a——基准平面	提取（实际）中心线应限定在平行于基准平面 B、间距等于 0.01 的两平行平面之间
线对基准体系的平行度公差	//	公差带为间距等于公差值 t 的两平行直线所限定的区域。该两平行直线平行于基准平面 A 且处于平行于基准平面 B 的平面内 a——基准平面 A； b——基准平面 B	提取（实际）线应限定在间距等于 0.02 的两平行直线之间。该两平行直线平行于基准平面 A、且处于平行于基准平面 B 的平面内
面对基准线的平行度公差	//	公差带为间距等于公差值 t、平行于基准轴线的两平行平面所限定的区域 a——基准轴线	提取（实际）表面应限定在间距等于 0.1，平行于基准轴线 C 的两平行平面之间
面对基准面的平行度公差	//	公差带为间距等于公差值 t、平行于基准平面的两平行平面所限定的区域 a——基准平面	提取（实际）表面应限定在间距等于 0.01、平行于基准平面 D 的两平行平面之间

几何公差	符号	公差带定义	标注及解释
线对基准线的垂直度公差	⊥	公差带为间距等于公差值 t、垂直于基准线的两平行平面所限定的区域 a——基准线	提取(实际)中心线应限定在间距等于 0.06、垂直于基准轴线 A 的两平行平面之间
线对基准体系的垂直度公差	⊥	公差带为间距等于公差值 t 的两平行平面所限定的区域。该两平行平面垂直于基准平面 A，且平行于基准平面 B a——基准平面 A； b——基准平面 B 公差带为间距分别等于公差值 t_1 和 t_2，且互相垂直的两组平行平面所限定的区域。该两组平行平面都垂直于基准平面 A。其中，一组平行平面垂直于基准平面 B[见图(a)]，另一组平行平面平行于基准平面 B[见图(b)] (a) (b) a——基准平面 A； b——基准平面 B	圆柱面的提取(实际)中心线应限定在间距等于 0.1 的两平行平面之间。该两平行平面垂直于基准平面 A，且平行于基准平面 B 圆柱面的提取(实际)中心线应限定在间距分别等于 0.1 和 0.2，且互相垂直的两组平行平面内。该两组平行平面垂直于基准平面 A 且垂直或平行于基准平面 B

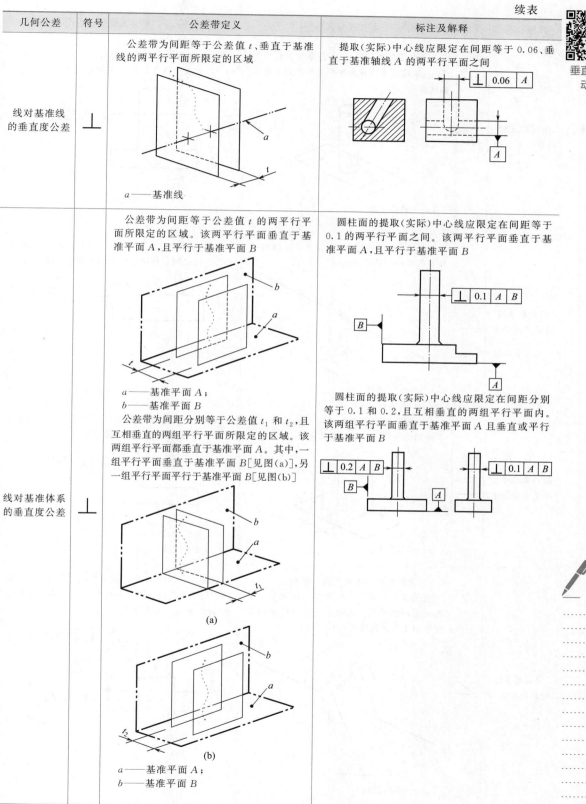

几何公差	符号	公差带定义	标注及解释
线对基准面的垂直度公差	⊥	若公差值前加注符号 ϕ，公差带为直径等于 ϕt、轴线垂直于基准平面的圆柱面所限定的区域 a——基准平面	圆柱面的提取（实际）中心线应限定在直径等于 $\phi 0.01$、垂直于基准平面 A 的圆柱面内
面对基准线的垂直度公差	⊥	公差带为间距等于 t、垂直于基准轴线的两平行平面所限定的区域 a——基准轴线	提取（实际）表面应限定在间距等于 0.08 的两平行平面之间。该两平行平面垂直于基准轴线 A
面对基准平面的垂直度公差	⊥	公差带为间距等于公差值 t、垂直于基准平面的两平行平面所限定的区域 a——基准平面	提取（实际）表面应限定在间距等于 0.08、垂直于基准平面 A 的两平行平面之间
线对基准线的倾斜度公差	∠	(1) 被测线与基准线在同一平面上 公差带为间距等于公差值 t 的两平行平面所限定的区域。该两平行平面按给定角度倾斜于基准轴线 a——基准轴线	提取（实际）中心线应限定在间距等于 0.08 的两平行平面之间。该两平行平面按理论正确角度 60° 倾斜于公共基准轴线 $A—B$

几何公差	符号	公差带定义	标注及解释
线对基准线的倾斜度公差	∠	（2）被测线与基准线在不同平面内 公差带为间距等于公差值 t 的两平行平面所限定的区域。该两平行平面按给定角度倾斜于基准轴线 a——基准轴线	提取（实际）中心线应限定在间距等于 0.08 的两平行平面之间。该两平行平面按理论正确角度 60°倾斜于公共基准轴线 $A—B$
线对基准面的倾斜度公差	∠	公差带为间距等于公差值 t 的两平行平面所限定的区域。该两平行平面按给定角度倾斜于基准平面 a——基准平面 若公差值前加注符号 ϕ，公差带为直径等于公差值 ϕt 的圆柱面所限定的区域。该圆柱面公差带的轴线按给定角度倾斜于基准平面 A 且平行于基准平面 B a——基准平面 A； b——基准平面 B	提取（实际）中心线应限定在间距等于 0.08 的两平行平面之间。该两平行平面按理论正确角度 60°倾斜于基准平面 A 提取（实际）中心线应限定在直径等于 $\phi 0.1$ 的圆柱面内。该圆柱面的中心线按理论正确角度 60°倾斜于基准平面 A 且平行于基准平面 B

几何公差	符号	公差带定义	标注及解释
面对基准线的倾斜度公差	∠	公差带为间距等于公差值 t 的两平行平面所限定的区域。该两平行平面按给定角度倾斜于基准直线 a——基准直线	提取(实际)表面应限定在间距等于 0.1 的两平行平面之间。该两平行平面按理论正确角度 75°倾斜于基准轴线 A
面对基准面的倾斜度公差	∠	公差带为间距等于公差值 t 的两平行平面所限定的区域。该两平行平面按给定角度倾斜于基准平面 a——基准平面	提取(实际)表面应限定在间距等于 0.08 的两平行平面之间。该两平行平面按理论正确角度 40°倾斜于基准平面 A
点的位置度公差	⊕	公差值前加注符号 $S\phi$，公差带为直径等于公差值 $S\phi t$ 的圆球面所限定的区域。该圆球面中心的理论正确位置由基准 A、B、C 和理论正确尺寸确定 a——基准平面 A； b——基准平面 B； c——基准平面 C	提取(实际)球心应限定在直径等于 $S\phi0.3$ 的圆球面内。该圆球面的中心由基准平面 A、基准平面 B、基准中心平面 C 和理论正确尺寸 30、25 确定。 注：提取(实际)球心的定义尚未标准化

几何公差	符号	公差带定义	标注及解释
线的位置 度公差	⊕	给定一个方向的公差时,公差带为间距等于公差值 t,对称于线的理论正确位置的两平行平面所限定的区域。线的理论正确位置由基准平面 A、B 和理论正确尺寸确定。公差只在一个方向上给定 a——基准平面 A; b——基准平面 B 给定两个方向的公差时,公差带为间距分别等于公差值 t_1 和 t_2,对称于线的理论正确(理想)位置的两对相互垂直的平行平面所限定的区域。线的理论正确位置由基准平面 C、A 和 B 及理论正确尺寸确定。该公差在基准体系的两个方向上给定 a——基准平面 A; b——基准平面 B; c——基准平面 C a——基准平面 A; b——基准平面 B; c——基准平面 C	各条刻线的提取(实际)中心线应限定在间距等于 0.1,对称于基准平面 A、B 和理论正确尺寸 25、10 确定的理论正确位置的两平行平面之间 各孔的测得(实际)中心线在给定方向上应各自限定在间距分别等于 0.05 和 0.2,且相互垂直的两对平行平面内。每对平行平面对称于由基准平面 C、A、B 和理论正确尺寸 20、15、30 确定的各孔轴线的理论正确位置

几何公差	符号	公差带定义	标注及解释
位置度1—动画 线的位置度公差	⊕	公差值前加注符号 ϕ，公差带为直径等于公差值 ϕt 的圆柱面所限定的区域。该圆柱面的轴线的位置由基准平面 C、A、B 和理论正确尺寸确定 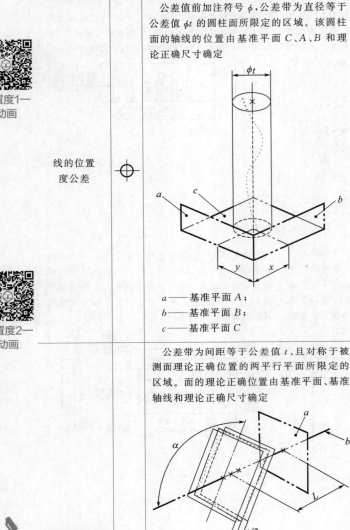 a——基准平面 A； b——基准平面 B； c——基准平面 C	提取（实际）中心线应限定在直径等于 $\phi0.08$ 的圆柱面内。该圆柱面的轴线的位置应处于由基准平面 C、A、B 和理论正确尺寸 100、68 确定的理论正确位置上 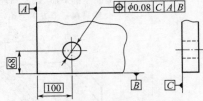 提取（实际）中心线应各自限定在直径等于 $\phi0.1$ 的圆柱面内。该圆柱面的轴线的位置应处于由基准平面 C、A、B 和理论正确尺寸 20、15、30 确定的各孔轴线的理论正确位置上 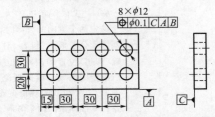
位置度2—动画 轮廓平面或者中心平面的位置度公差	⊕	公差带为间距等于公差值 t，且对称于被测面理论正确位置的两平行平面所限定的区域。面的理论正确位置由基准平面、基准轴线和理论正确尺寸确定 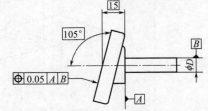 a——基准平面； b——基准轴线	提取（实际）表面应限定在间距等于 0.05，且对称于被测面的理论正确位置的两平行平面之间。该两平行平面对称于由基准平面 A、基准轴线 B 和理论正确尺寸 15、105° 确定的被测面的理论正确位置 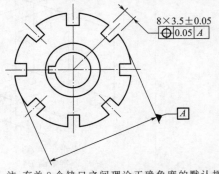 提取（实际）中心面应限定在间距等于 0.05 的两平行平面之间。该两平行平面对称于由基准轴线 A 和理论正确角度 45° 确定的各被测面的理论正确位置 注：有关 8 个缺口之间理论正确角度的默认规定见 GB/T 13319

几何公差	符号	公差带定义	标注及解释
点的同心度公差	◎	公差值前加注符号 ϕ，公差带为直径等于公差值 ϕt 的圆周所限定的区域。该圆周的圆心与基准点重合 ϕt a a——基准点	在任意横截面内，内圆的提取（实际）中心应限定在直径等于 $\phi 0.1$，以基准点 A 为圆心的圆周内 A ACS ◎ $\phi 0.1$ A
轴线的同轴度公差	◎	公差值前加注符号 ϕ，公差带为直径等于公差值 ϕt 的圆柱面所限定的区域。该圆柱面的轴线与基准轴线重合 ϕt a a——基准轴线	大圆柱面的提取（实际）中心线应限定在直径等于 $\phi 0.08$，以公共基准轴线 A—B 为轴线的圆柱面内 ◎ $\phi 0.08$ A—B A B 大圆柱面的提取（实际）中心线应限定在直径等于 $\phi 0.1$，以基准轴线 A 为轴线的圆柱面内 A ◎ $\phi 0.1$ A 大圆柱面的提取（实际）中心线应限定在直径等于 $\phi 0.1$，以垂直于基准平面 A 的基准轴线 B 为轴线的圆柱面内 ◎ $\phi 0.1$ A B A B

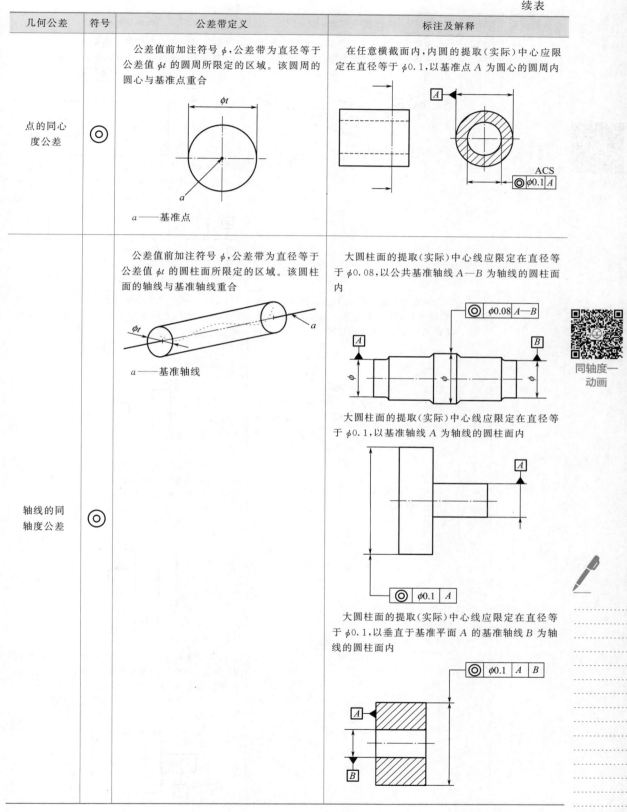

同轴度—动画

几何公差	符号	公差带定义	标注及解释
中心平面的对称度公差	⚌	公差带为间距等于公差值 t、对称于基准中心平面的两平行平面所限定的区域 a——基准中心平面	提取(实际)中心面应限定在间距等于 0.08、对称于基准中心平面 A 的两平行平面之间 ⚌ 0.08 A 提取(实际)中心面应限定在间距等于 0.08、对称于公共基准中心平面 A—B 的两平行平面之间 ⚌ 0.08 A—B
径向圆跳动公差	↗	公差带为在任一垂直于基准轴线的横截面内、半径差等于公差值 t、圆心在基准轴线上的两同心圆所限定的区域 a——基准轴线; b——横截面	在任一垂直于基准轴线 A 的横截面内,提取(实际)圆应限定在半径差等于 0.1、圆心在基准轴线 A 上的两同心圆之间 ↗ 0.8 A 在任一平行于公共基准平面 B、垂直于基准轴线 A 的横截面上,提取(实际)圆应限定在半径差等于 0.1、圆心在基准轴线 A 上的两同心圆之间 ↗ 0.1 B A 在任一垂直于公共基准轴线 A—B 的横截面内,提取(实际)圆应限定在半径差等于 0.1、圆心在基准轴线 A—B 上的两同心圆之间 ↗ 0.1 A—B

对称度—动画

几何公差	符号	公差带定义	标注及解释
径向圆跳动公差	↗	圆跳动通常适用于整个要素,但亦可规定只适用于局部要素的某一指定部分[见右列图(a)]	在任一垂直于基准轴线 A 的横截面内,提取(实际)圆弧应限定在半径差等于 0.2、圆心在基准轴线 A 上的两同心圆弧之间 (a)　　　　(b)
轴向圆跳动公差	↗	公差带为与基准轴线同轴的任一半径的圆柱截面上,间距等于公差值 t 的两圆所限定的圆柱面区域 a——基准轴线; b——公差带; c——任意直径	在与基准轴线 D 同轴的任一圆柱形截面上,提取(实际)圆应限定在轴向距离等于 0.1 的两个等圆之间
斜向圆跳动公差	↗	公差带为与基准轴线同轴的某一圆锥截面上,间距等于公差值 t 的两圆所限定的圆锥面区域。 除非另有规定,测量方向应沿被测表面的法向 a——基准轴线; b——公差带	在与基准轴线 C 同轴的任一圆锥截面上,提取(实际)线应限定在素线方向距离等于 0.1 两不等圆之间 当标注公差的素线不是直线时,圆锥截面的锥角要随所测圆的实际位置而改变

几何公差	符号	公差带定义	标注及解释
给定方向的斜向圆跳动公差	↗	公差带为与基准轴线同轴的、具有给定锥角的任一圆锥截面上,间距等于公差值 t 的两不等圆所限定的区域 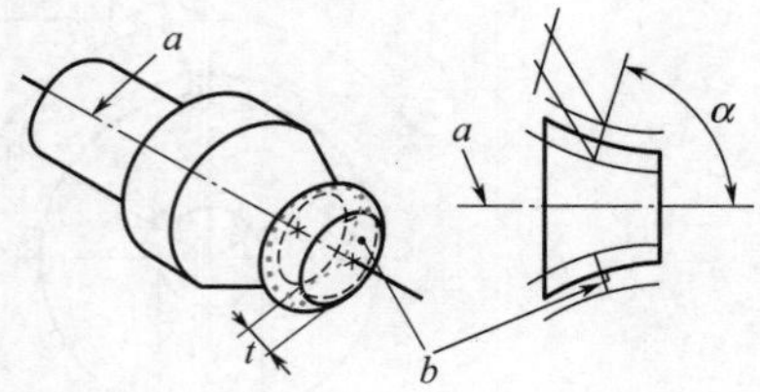 a——基准轴线; b——公差带	在与基准轴线 C 同轴且具有给定角度 60° 的任一圆锥截面上,提取(实际)圆应限定在素线方向距离等于 0.1 的两不等圆之间 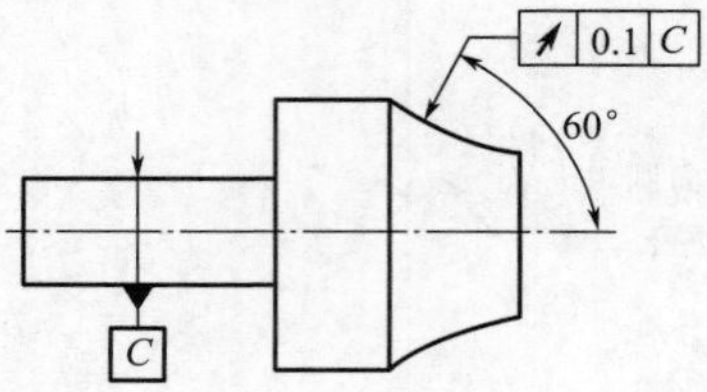
径向全跳动公差	⌰	公差带为半径差等于公差值 t,与基准轴线同轴的两圆柱面所限定的区域 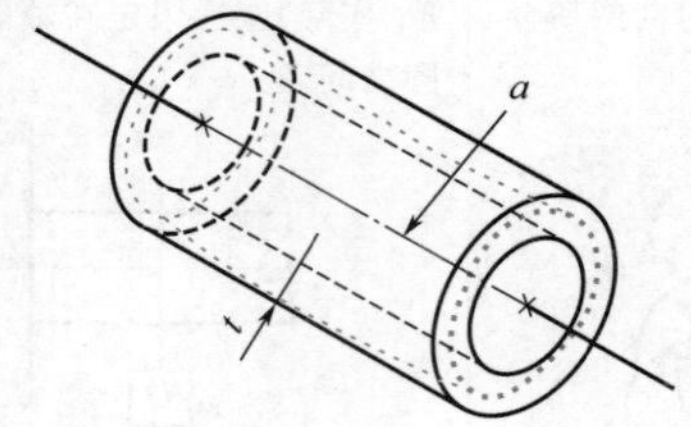 a——基准轴线	提取(实际)表面应限定在半径差等于 0.1,与共基准轴线 A—B 同轴的两圆柱面之间 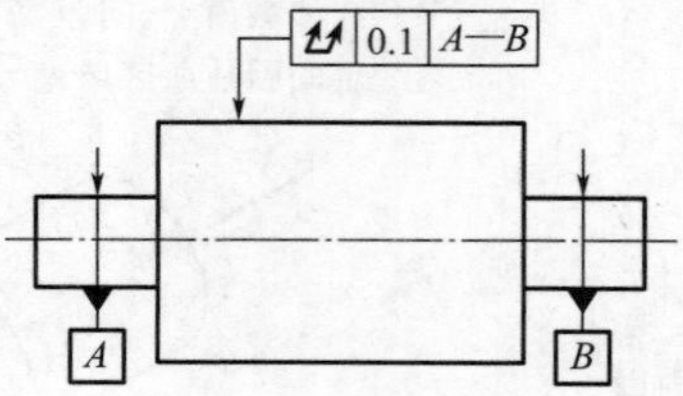
轴向全跳动公差	⌰	公差带为间距等于公差值 t,垂直于基准轴线的两平行平面所限定的区域 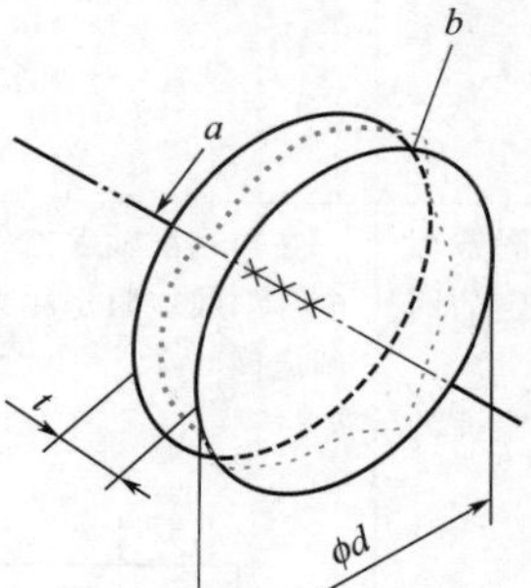 a——基准轴线; b——提取表面	提取(实际)表面应限定在间距等于 0.1,垂直于基准轴线 D 的两平行平面之间 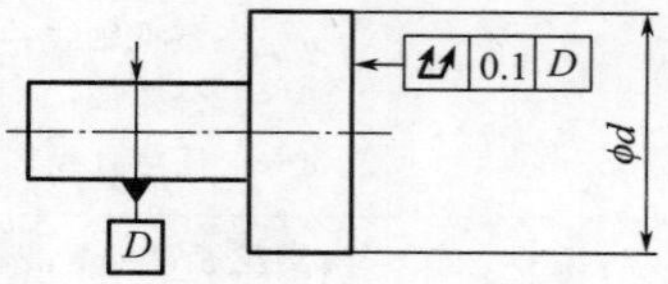

左侧栏目:
端面全跳动1—动画
端面全跳动2—动画
径向全跳动—动画

五、几何公差值

1. 几何公差各项目的公差值

（1）公差等级一般为 12 级（1 级最高，12 级最低）；

（2）圆度、圆柱度分为 13 级（0、1、2、…、12 级）；

（3）位置度公差值以数系表示；

（4）为了简化表格，将误差规律相近的几何公差项合并在一个表里表示。

2. 几何公差值表（见表 2-6～表 2-9）

表 2-6　平行度、垂直度、倾斜度公差　　　μm

| 公差等级 | 主参数 $L,d_1(D)$/mm | | | | | | | | | | | 应用举例（参考） | |
	≤10	>10~16	>16~25	>25~40	>40~63	>63~100	>100~160	>160~250	>250~400	>400~630	>630~1000	平行度	垂直度和倾斜度
5	5	6	8	10	12	15	20	25	30	40	50	用于重要轴承孔对基准面的要求，一般减速器箱体孔的中心线等	用于装 p2、p4、p5 级轴承的箱体的凸肩、发动机轴和离合器的凸缘
6	8	10	12	15	20	25	30	40	50	60	80	用于一般机械中箱体孔中心线间的要求，如减速器箱体的轴承孔、7～10 级精度齿轮传动箱体孔的中心线	用于装 p6、p0 级轴承的箱体孔的中心线，低精度机床主要基准面和工作面
7	12	15	20	25	30	40	50	60	80	100	120		
8	20	25	30	40	50	60	80	100	120	150	200	用于重型机械轴承盖的端面，手动传动装置中传动轴	用于一般导轨，普通传动箱体中的轴肩
9	30	40	50	60	80	100	120	150	200	250	300	用于低精度零件、重型机械滚动轴承端盖	用于花键轴肩端面、减速器箱体平面等
10	50	60	80	100	120	150	200	250	300	400	500		
11	80	100	120	150	200	250	300	400	500	600	800	零件的非工作面，卷扬机、运输机上用的减速器壳体平面	农业机械齿轮端面等
12	120	150	200	250	300	400	500	600	800	1000	1200		

表 2-7　直线度、平面度公差　　　μm

| 精度等级 | 主参数 L/mm | | | | | | | | | | | | | 应用举例（参考） |
	≤10	>10~16	>16~25	>25~40	>40~63	>63~100	>100~160	>160~250	>250~400	>400~630	>630~1000	>1000~1600	>1600~2500	
5	2	2.5	3	4	5	6	8	10	12	15	20	25	30	普通精度机床导轨，柴油机进、排气门导杆
6	3	4	5	6	8	10	12	15	20	25	30	40	50	
7	5	6	8	10	12	15	20	25	30	40	50	60	80	轴承体的支承面，压力机导轨及滑块，减速器箱体、油泵、轴系支承轴承的接合面
8	8	10	12	15	20	25	30	40	50	60	80	100	120	
9	12	15	20	25	30	40	50	60	80	100	120	150	200	辅助机构及手动机械的支承面，液压管件和法兰的连接面
10	20	25	30	40	50	60	80	100	120	150	200	250	300	
11	30	40	50	60	80	100	120	150	200	250	300	400	500	离合器的摩擦片，汽车发动机缸盖结合面
12	60	80	100	120	150	200	250	300	400	500	600	800	1000	

表 2-8　圆度、圆柱度公差　　　　　　　　　　　　　　μm

精度等级	主参数 $d_1(D)$/mm												应用举例(参考)
	>3~6	>6~10	>10~18	>18~30	>30~50	>50~80	>80~120	>120~180	>180~250	>250~315	>315~400	>400~500	
5	1.5	1.5	2	2.5	2.5	3	4	5	7	8	9	10	安装 P6、P0 级滚动轴承的配合面,中等压力下的液压装置工作面(包括泵、压缩机的活塞和气缸),风动绞车曲轴,通用减速器轴轴颈,一般机床主轴
6	2.5	2.5	3	4	4	5	6	8	10	12	13	15	
7	4	4	5	6	7	8	10	12	14	16	18	20	发动机的胀圈和活塞销及连杆中装衬套的孔等。千斤顶或压力油缸活塞,水泵及减速器轴颈,液压传动系统的分配机构,拖拉机气缸体,炼胶机冷铸轧辊
8	5	6	8	9	11	13	15	18	20	23	25	27	
9	8	9	11	13	16	19	22	25	29	32	36	40	起重机、卷扬机用的滑动轴承、带软密封的低压泵的活塞和气缸通用机械杠杆与拉杆,拖拉机的活塞环与套筒孔
10	12	15	18	21	25	30	35	40	46	52	57	63	
11	18	22	27	33	39	46	54	63	72	81	89	97	
12	30	36	43	52	62	74	87	100	115	130	140	155	

表 2-9　同轴度、对称度、圆跳动和全跳动公差　　　　　　　μm

精度等级	主参数 $d_1(D)B_1L$/mm											应用举例(参考)
	>3~6	>6~10	>10~18	>18~30	>30~50	>50~120	>120~250	>250~500	>500~800	>800~1250	>1250~2000	
5	3	4	5	6	8	10	12	15	20	25	30	6 和 7 级精度齿轮轴的配合面,较高精度的减速轴,汽车发动机曲轴和分配轴的支承轴颈,较高精度机床的轴套
6	4	6	8	10	12	15	20	25	30	40	50	
7	8	10	12	15	20	25	30	40	50	60	80	8 和 9 级精度齿轮轴的配合面,拖拉机发动机分配轴轴颈,普通精度高速轴(1000r/min 以下),长度在 1m 以下的主传动轴,起重运输机的鼓轮配合孔和导轮的滚动面
8	12	15	20	25	30	40	50	60	80	100	120	
9	25	30	40	50	60	80	100	120	150	200	250	10 和 11 级精度齿轮轴的配合面,发动机气缸套配合面,水泵叶轮离心泵件,摩托车活塞,自行车中轴
10	50	60	80	100	120	150	200	250	300	400	500	
11	80	100	120	150	200	250	300	400	500	600	800	用于无特殊要求,一般按尺寸公差等级 IT12 制造的零件
12	150	200	250	300	400	500	600	800	1000	1200	1500	

3. 未注公差

为简化制图,对一般机床加工就能保证的几何精度,不必在图样上注出几何公差,几何未注公差按以下规定执行:未注直线度、平面度、垂直度、对称度和圆跳动,见表 2-10,规定了 H、K、L 三个公差等级,在标题栏或技术要求中注出标准及等级代号。如:"GB/T 1184—K"。其他请参考国标。

表 2-10　直线度和平面度的未注公差值

公差等级	基本长度范围					
	≤10	>10~30	>30~100	>100~300	>300~1000	>1000~3000
H	0.02	0.05	0.1	0.2	0.3	0.4
K	0.05	0.1	0.2	0.4	0.6	0.8
L	0.1	0.2	0.4	0.8	1.2	1.6

　　未注圆度公差值等于给出的直径公差值，但不得大于径向跳动的未注公差。未注圆柱度公差不作规定，由构成圆柱度的圆度、直线度和相应线的平行度的公差控制。未注平行度公差值等于尺寸公差值或直线度和平面度公差值中较大者。未注同轴度公差值未作规定，在极限状态下，可以与径向圆跳动公差相等。未注线轮廓度、面轮廓度、倾斜度、位置度和全跳动的公差值均由各要素的注出或未注出的尺寸或角度公差控制。

六、公差原则

1. 有关公差原则的基本概念

（1）局部实际尺寸（d_a、D_a）　指在实际要素的任意正截面上两测量点之间测得的距离。

（2）作用尺寸（d_m、D_m）　在结合面全长上实际尺寸与形状误差与位置误差综合而得的尺寸。可以分为单一要素作用尺寸和关联要素作用尺寸，如图 2-53 所示。

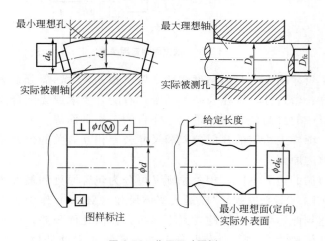

图 2-53　作用尺寸图例

　　对轴而言，$d_m = d_a + \delta_d$；对孔而言，$D_m = D_a - \delta_D$。其中，δ_d、δ_D 分别为轴、孔的形位误差。实际尺寸和形状误差和误差综合后的尺寸有如下关系：$D_m < D_a$，$d_m > d_a$。

（3）实体尺寸

① 最大实体尺寸（MMS）　实际要素在尺寸公差范围内而且具有材料量为最多时的尺寸。对轴来说，最大实体尺寸就是最大极限尺寸，即 $MMS = d_{max}$；对孔而言，最大实体尺寸就是最小极限尺寸，即 $MMS = D_{min}$。

② 最小实体尺寸（LMS）　实际要素在公差范围内而且具有材料量最少时的尺寸。

（4）实效尺寸（VS）　指被测要素处于最大实体尺寸与形状公差与位置公差综合而得的尺寸。可以分为单一要素实效尺寸和关联要素实效尺寸。对轴而言，$VS = MMS + t_d$；对孔而言，$VS = MMS - t_D$。其中，t_d、t_D 分别为轴、孔的几何公差。

这里注意作用尺寸与实效尺寸的区别，两者在性质上十分相似，都是尺寸与几何公差综合的结果，但是从定量上来看两者是不同的。作用尺寸是实际尺寸与公差误差综合而成的，对一批零件来说它是一个变量，而实效尺寸是最大实体尺寸与几何公差综合而成的，对一批零件来说它是一个定量。当然两者也有一定关系，就是实效尺寸可作为允许的极限作用尺寸。

2. 公差原则的具体内容

在国家标准中，尺寸公差和几何公差的关系，就是公差原则。

（1）独立原则（IP）　图样上给定的几何公差和尺寸公差相互独立，彼此无关，测量时分别满足各自的要求，如图 2-54 所示。

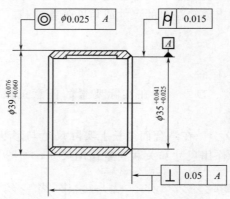

图 2-54　独立原则应用举例

应用范围：用于尺寸精度与几何精度的精度要求相差较大，需分别满足要求，或两者无联系，保证运动精度、密封性，未注公差等场合，有配合要求或无配合要求但有功能要求的几何要素，如印刷机中的滚筒外表面、量仪工作台的工作平面等。

（2）相关原则　图样上给定的几何公差和尺寸公差相互有关的公差原则，即尺寸值有富余时可补偿给几何值的原则。

按被测要素应遵循的边界不同，相关原则又可分为包容原则和最大实体原则。

① 包容原则（EP）（泰勒原则）　以最大实体尺寸（MMS）作为边界值，当被测要素上各点的实际尺寸已达到此边界时，则此要素不得再有任何几何公差，而只有当实际尺寸偏离最大实体尺寸时，其偏离值允许补偿给几何公差。实际要素处处位于具有理想形状包容面内。该理想形状的尺寸为 MMS，此时它应遵守最大实体边界 MMB；即作用尺寸不超出最大实体尺寸，局部实际尺寸不超过最小实体尺寸。

对轴，作用尺寸小于或等于最大实体尺寸，即 $d_m \leqslant MMS$；实际尺寸大于或等于最小实体尺寸，即 $d_a \geqslant LMS$。对孔，作用尺寸大于或等于最大实体尺寸，即 $D_m \geqslant MMS$；实际尺寸小于或等于最小实体尺寸，即 $D_a \leqslant LMS$。

单一要素的形状公差与尺寸公差按包容原则相关时，应在尺寸公差后面加注包容原则的代号 E，具体标注如图 2-55 所示。

应用范围：配合性质要求严格的配合表面。

图 2-55 中，如果实际尺寸为 $\phi 20$，直线度误差允许值为 0；如果实际尺寸为 $\phi 19.99$，直线度误差允许值为 $\phi 0.01$；如果实际尺寸为 $\phi 19.98$，直线度误差允许值为 $\phi 0.02$；在公差

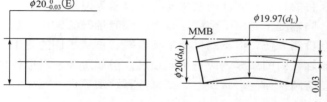

图 2-55　包容原则标注及应用举例

范围内，尺寸公差补偿给几何公差。

② 最大实体原则（MMP）　以实效尺寸作为边界，只有被测要素的实际尺寸偏离最大实体尺寸时其偏离值允许补偿给几何公差。当最大实体原则应用于被测要素时，在图样上必须在公差框格中几何公差值后加注代号 M，如图 2-56 所示。

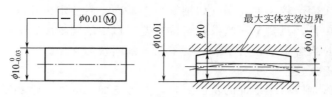

图 2-56　最大实体原则标注及应用举例

按最大实体原则规定，图上标注的几何公差值是被测要素在最大实体条件下给定的，当被测要素偏离最大实体尺寸时，几何公差值可得到一个补偿值，该补偿值是最大实体尺寸和实际尺寸之差。

经补偿后的最大几何公差＝尺寸公差＋几何公差。按最大实体原则要求，控制实际尺寸大于或等于最小实体尺寸（LMS）；作用尺寸小于或等于实效尺寸（VS）。

图 2-56 中，实际尺寸为 $\phi10$，直线度误差允许值为 $\phi0.01$；实际尺寸为 $\phi9.99$，直线度误差允许值为 $\phi0.02$；实际尺寸为 $\phi9.98$，直线度误差允许值为 $\phi0.03$。实际尺寸不超过尺寸公差，尺寸允差补偿给几何公差。

图 2-57　最大实体原则
应用在包容原则

应用范围：主要用于只要求可装配性的零件，如螺栓连接的法兰盘中孔的位置度，螺栓杆部和头部的同轴度等。

关联被测要素的定向或定位公差与尺寸公差按包容原则相关时，应在几何公差框格的第二格内标注 0M 或 ϕ0M（图 2-57）。

七、几何公差的选择

1. 几何公差项目的确定

几何公差项目选择的基本依据是要素的几何特征、零件的结构特点和使用要求。例如，回转类（轴类、套类）零中的阶梯轴，它的轮廓要素是圆柱面、端面，中心要素是轴线。圆柱面选择圆柱度是理想项目，因为它能综合控制径向的圆度误差，轴向的直线度误差和素线的平行度误差。考虑检测的方便，也可选圆度和素线的平行度。但需注意，当选定为圆柱度，若对圆度无进一步要求，就不必再选圆度，以避免重复。

　　要素之间的位置关系，如阶梯轴的轴线有位置要求，可选用同轴度或跳动项目。具体选哪一项目，应根据项目的特征、零件的使用要求、检测等因素确定。

　　从项目特征看，同轴度主要用于轴线，是为了限制轴线的偏离。跳动能综合限制要素的形状和位置误差，且检测方便，但不能反映单项误差。再从零件的使用要求看，若阶梯轴两轴承为明确要求限制轴线间的偏差，应采用同轴度。但如阶梯轴对形位精度有要求，而无需区分轴线的位置误差与圆柱面的形状误差，则可选择跳动项目。

2. 基准要素的选择

　　基准要素的选择包括基准部位、基准数量和基准顺序的选择。

　　根据要素的功能及对被测要素间的几何关系来选择基准，如轴类零件，从功能要求和控制其他要素的位置精度来看，选两个轴颈的公共轴线为基准。

　　根据装配要求，应选择零件相互配合的表面作为各自的基准，以保证装配要求。

　　从加工、检测角度考虑，应选择在夹具、检具中定位的相应要素为基准。从零件的结构考虑，应选较大的表面、较长的要素（如轴线）作基准，以便定位稳固、准确。

　　通常定向公差项目，只要单一基准，定位公差项目中的同轴度、对称度，其基准可以是单一基准，也可以是组合基准；对于位置度采用三基面较为常见。

3. 几何公差值的确定

　　几何公差值的确定应根据零件的功能要求，并考虑加工的经济性和零件的结构、刚性来确定。

　　（1）几何公差值的确定方法　　计算法和类比法。计算法是根据机器性能的要求折算到零件要素上从而确定其公差值，类比法是参考有关资料手册和现有产品零件的几何公差数值而类比确定公差值。

　　（2）公差值之间的协调　　在同一要素上给出的形状公差值应小于位置公差值。例如，要求平行的两个表面，其平面度公差应小于平行度公差值。圆柱形零件的形状公差值（轴线的直线度除外）一般情况下应小于其尺寸公差值。几何公差值与相应要素的尺寸公差值的一般要求是 $t_{形状} < t_{位置} < t_{尺寸}$。

4. 公差原则的选择

　　根据零部件的装配及性能要求进行选择，如需较高运动精度的零件，为保证不超出几何公差可采用独立原则；如要求保证零件间的最小间隙以及采用量规检验的零件均可采用包容原则；如果要求可装配零件可采用最大实体原则。

训练题

　　1. 什么是零件的要素？要素分哪几种？

　　2. 什么是被测要素？指出图中的被测要素。

　　3. 几何公差有哪些特征项目和符号？

　　4. 公差框格中各格表示的含义是什么？

　　5. 基准是怎样表示的？

　　6. 将下面零件的技术要求标注在图上。

　　（1）轴 ϕ15f7 中心轴线相对于轴 ϕ20p7 左端面的垂直度公差值为 0.04mm。

　　（2）轴 ϕ15f7 任意正截面相对于圆锥中心轴线的圆跳动公差值为 0.007mm。

　　（3）圆锥任意正截面的圆度公差值为 0.005mm。

　　（4）轴 ϕ15f7 下母线的直线度公差值为 0.009mm。

（5）轴 $\phi20p7$ 中心轴线相对于轴 $\phi15f7$ 和轴 $\phi10g7$ 中心轴线的同轴度公差值为 $\phi0.008$mm。

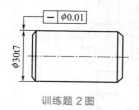

训练题 2 图

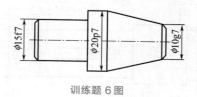

训练题 6 图

7. 什么是公差原则？

8. 什么是独立原则？

9. 什么是相关原则？包括哪些要求？

10. 指出图中的下列内容：

（1）遵循什么公差原则？

（2）最大、最小实体尺寸是多少？

（3）直线度公差值的给定值是多少？

（4）尺寸公差的最大增大值是多少？

（5）直线度的最大公差值是多少？

（6）当实际尺寸为 $\phi39.980$ 时，其增大值为多少？

11. 指出图中的下列内容：

（1）最大、最小实体尺寸是多少？

（2）圆度公差的给定值是多少？

（3）尺寸公差的最大增大值是多少？

（4）圆度的最大公差值是多少？

（5）当实际尺寸为 $\phi45.015$ 时，圆度公差值是多少？

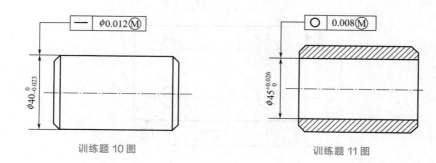

训练题 10 图　　　　　　　　　　训练题 11 图

12. 解释图中各项几何公差的意义。

13. 用分度值为 0.01mm/m 的水平仪和跨距为 250mm 的桥板来测量长度为 2m 的机床导轨，计数（格）为：0，+2，+2，0，-0.5，-0.5，+2，+1，+3。试按最小条件和两端点连线法分别评定该导轨的直线度误差。

14. 用分度值为 0.02mm/m 的水平仪测量一零件的平面度误差。按网格布线，共测 9 点，如图（a）所示，在 X 方向和 Y 方向测量所用桥板的跨距均为 200mm，各测点的读数（格）如图（b）所示。试评定该被测表面的平面度误差。

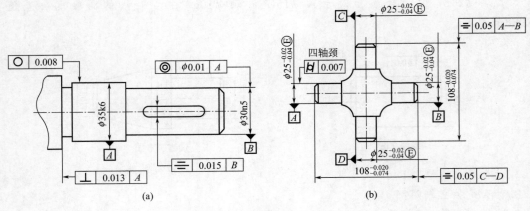

训练题 12 图

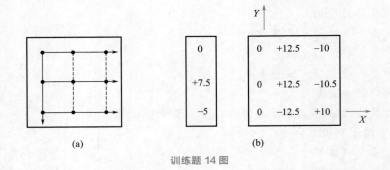

训练题 14 图

15. 用坐标法测量图示零件的位置度误差，测得各孔轴线的实际坐标尺寸如表所列。试确定该零件上各孔的位置度误差值，并判断零件合格与否。

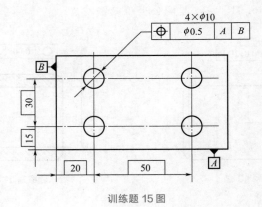

训练题 15 图

训练题 15 表

坐标值	孔序号			
	1	2	3	4
X/mm	20.10	70.10	19.90	69.85
Y/mm	15.10	14.85	44.82	45.12

项目三
表面粗糙度的检测

素质目标

① 培养学生团结协作的工作作风。
② 培养学生精益求精的大国工匠精神。
③ 激发学生科技报国的家国情怀和使命担当。

知识目标

① 掌握表面粗糙度的基本概念，了解其对机械零件使用功能的影响。
② 熟悉表面粗糙度评定参数的含义及应用。
③ 掌握表面粗糙度的标注方法和意义。
④ 掌握表面粗糙度的选用方法。

能力目标

具备检测工件表面粗糙度的能力。

任务 10　表面粗糙度参数的检测

光切显微镜
测量表面粗
糙度—动画

任务描述

如图 3-1 所示，检测齿轮轴的表面粗糙度。

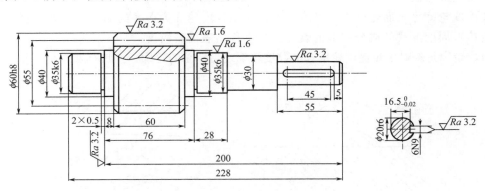

图 3-1　齿轮轴

✖ 任务实施

图 3-1 所示为齿轮油泵的传动轴，试检测其表面粗糙度是否合格。表面粗糙度的检测方法有比较法、针触法、光切法、光波干涉法等。这里采用针触法来测量该传动轴的表面粗糙度。

以表面粗糙度比较样块的工作面上的粗糙度为标准，用视觉法或触觉法与被测表面进行比较，以判定被测表面是否符合规定；用样块进行比较检验时，样块和被测表面的材质、加工方法应尽可能一致；样块比较法简单易行，适合在生产现场使用。

电动轮廓仪是采用针触法来测量 Ra 值的。电动轮廓仪的触针接触工件表面，由于表面粗糙不平，使触针在垂直于被测轮廓表面上产生上下运动，通过测头中的传感器，将触针位移信号转换成电信号加以放大，再运算处理，从而得出工件表面粗糙度数值 Ra。如测出值不超过允许值，则可判断该工件表面粗糙度合格。

光切显微镜（双管显微镜）是利用光切原理测量表面粗糙度的方法。从目镜观察表面粗糙度轮廓图像，用测微装置测量 Rz 值和 Ry 值。也可通过测量描绘出轮廓图像，再计算 Ra 值，因其方法较繁琐而不常用。必要时可将粗糙度轮廓图像拍照下来评定。光切显微镜适用于计量室。

干涉显微镜是利用光波干涉原理，以光波波长为基准来测量表面粗糙度的。被测表面有一定的粗糙度就呈现出凸凹不平的峰谷状干涉条纹，通过目镜观察、利用测微装置测量这些干涉条纹的数目和峰谷的弯曲程度，即可计算出表面粗糙度的 Ra 值。必要时还可将干涉条纹的峰谷拍照下来评定。干涉法适用于精密加工的表面粗糙度测量。适合在计量室使用。

✖ 知识拓展

一、基本术语及概念

1. 表面粗糙度的概念

零件的各个表面，不管加工得多么光滑，置于显微镜下观察，都可以看到峰谷不平的情况，如图 3-2 所示。零件表面上的微观几何形状特征称为零件的表面结构。零件的表面结构特征是粗糙度轮廓、波纹度轮廓和原始轮廓特性的统称。它是通过不同的测量与计算方法得出的一系列参数进行表征的，是评定零件表面质量和保证其表面功能的重要技术指标。

粗糙度轮廓是指加工后的零件表面轮廓中具有较小间距和谷峰的那部分，它所具有的微观几何特性称为表面粗糙度。

波纹度轮廓是表面轮廓中不平度的间距比粗糙度轮廓大得多的那部分。间距较大的、随机的或接近周期形式的成分构成的表面不平度称为表面波纹度。

原始轮廓是忽略了粗糙度轮廓和波纹度轮廓之后的总的轮廓，它具有宏观几何形状特征。

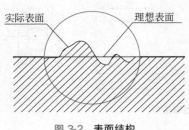

图 3-2　表面结构

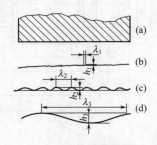

图 3-3　加工误差示意

表面粗糙度是由刀具的运动轨迹、刀具与零件表面间的摩擦和切屑分离时表面金属层的塑性变形所引起的。表面粗糙度不同于由机床、夹具、刀具的几何精度以及定位夹紧精度等因素引起的宏观几何形状误差；也不同于由工艺系统的振动、发热、回转体不平衡等因素引起的介于宏观和微观之间的表面波纹度。

目前，没有划分这三种形状误差的统一标准，通常按波距或波距与波幅的比值来划分。如图 3-3 所示，波距小于 1mm 的属于表面粗糙度；波距在 1～10mm 的属于表面波纹度；波距大于 10mm 的属于形状误差。波距与波幅的比值小于 40 时属于表面粗糙度；比值在 40～1000 时属于表面波纹度；比值大于 1000 时属于形状误差。

表面粗糙度对零件使用性能的影响表现在以下几个方面。

表面粗糙度
的影响—
动画

（1）对摩擦和磨损的影响　零件实际表面越粗糙，摩擦因数越大，两相互运动的表面磨损就越快。但是不能认为表面越光滑，耐磨性就越好，因为表面过于光滑，不利于在该表面上储存润滑油，容易使运动表面间形成半干摩擦甚至干摩擦，反而使摩擦因数加大，从而加剧磨损。

（2）对配合性质的影响　表面粗糙度会影响配合性质的可靠性和稳定性。对间隙配合会因表面峰尖在工作过程中很快磨损而使间隙增大；对过盈配合，粗糙表面轮廓的波峰在装配时被挤平，实际有效过盈减小，降低了连接强度。

（3）对疲劳强度的影响　零件表面越粗糙，凹谷处对应力集中越敏感，尤其在交变应力的作用下，零件疲劳损坏的可能性越大，疲劳强度就越低。

（4）对接触刚性的影响　表面越粗糙，两表面间的实际接触面积就越小，单位面积受力就越大，受到外力时极易产生接触变形，接触刚度变低，影响机器的工作精度和抗振性。

（5）对耐腐蚀性能的影响　粗糙的表面易使腐蚀性物质附着于表面的微观凹谷，且向零件表层渗透，加剧腐蚀。表面越粗糙，凹谷越深，零件耐腐蚀能力越差。

此外，表面粗糙度对零件结合面的密封性能、流体阻力、外观质量和表面涂层的质量等都有一定的影响。为保证产品质量，提高零件使用寿命，降低生产成本，在零件的几何精度设计中，必须根据国家标准对表面粗糙度提出合理要求，并在生产中对给定参数进行检测。

2. 基本术语

（1）表面轮廓　是指用一个指定平面与实际表面相交所得到的轮廓，如图 3-4 所示。按相截方向的不同，分为横向表面轮廓和纵向表面轮廓。评定表面粗糙度时，通常指横向表面轮廓，即与加工纹理方向垂直的轮廓。

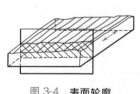

图 3-4　表面轮廓

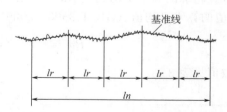

图 3-5　评定长度与取样长度

（2）取样长度 lr　是评定表面粗糙度特征所规定的一段基准线长度，如图 3-5 所示。取样长度应与表面粗糙度的大小相适应。规定取样长度是为了限制和减弱表面波纹度对表面粗糙度测量结果的影响。在一个取样长度范围内，实际轮廓线一般至少包含 5 个轮廓峰和 5 个轮廓谷。

（3）评定长度 ln　是评定轮廓表面粗糙度所必需的一段长度，如图 3-5 所示。由于零件各部分表面粗糙度不一定均匀，为了充分合理地反映表面特征，通常取几个取样长度来评定表面粗糙度，标准推荐 $ln=5lr$。取样长度与评定长度的具体数值应按表面粗糙度的评定参数对应选取（表 3-1）。

表 3-1　取样长度与评定长度的选用值（摘自 GB/T 1031—2009）

$Ra/\mu m$	$Rz/\mu m$	lr/mm	$ln/mm(ln=5lr)$
≥0.008～0.02	≥0.025～0.10	0.08	0.4
>0.02～0.1	>0.10～0.50	0.25	1.25
>0.1～2.0	>0.50～10.0	0.8	4.0
>2.0～10	>10.0～50.0	2.5	12.5
>10～80	>50.0～320.0	8.0	40.0

（4）评定基准线　测量或评定轮廓表面粗糙度数值大小的一条参考线，称为基准线。基准线有以下两种。

标准以轮廓最小二乘中线作为评定表面粗糙度的基准线，轮廓最小二乘中线根据表面轮廓用最小二乘法确定，即在取样长度内，使轮廓线上各点至一条假想线距离的平方和为最小，这条假想线即最小二乘中线，如图 3-6(a) 所示。

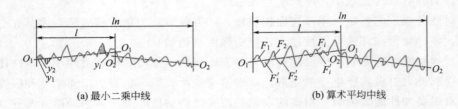

(a) 最小二乘中线　　　　　(b) 算术平均中线

图 3-6　轮廓中线

在取样长度内，由一条假想线将实际轮廓分成上、下两部分，而且上部分面积之和等于下部分面积之和，这条假想线就是轮廓算术平均中线，如图 3-6(b) 所示。

在轮廓图形上确定最小二乘中线的位置比较困难，在实际工作中用算术平均中线代替最小二乘中线。轮廓算术平均中线可用目测估计确定。

3. 表面粗糙度的评定参数

（1）轮廓的算术平均偏差 Ra　在零件图上，表面粗糙度的评定参数常采用轮廓的算术平均偏差 Ra。轮廓的算术平均偏差 Ra 是指在一个取样长度内，被测实际轮廓上各点纵坐标值的绝对值的算术平均值（GB/T 3505—2009）。用公式表示：

$$Ra=\frac{1}{l}\int_0^l |Z(x)|\,\mathrm{d}x$$

Ra 的数值见表 3-2。

表 3-2　Ra 的数值　　　　　　　　　　　　　　　　μm

基本系列	0.012	0.025	0.050	0.100	0.20	0.40	0.80
	1.60	3.2	6.3	12.5	25.0	50.0	100
补充系列	0.008	0.010	0.016	0.020	0.032	0.040	0.063
	0.080	0.125	0.160	0.25	0.32	0.50	0.63
	1.00	1.25	2.00	2.50	4.00	5.00	8.00
	10.00	16.00	20.00	32.00	40.00	63.00	80.00

（2）轮廓最大高度 Rz　　指在一个取样长度内，最大轮廓峰高与最大轮廓谷深之和（图 3-7、表 3-3）。

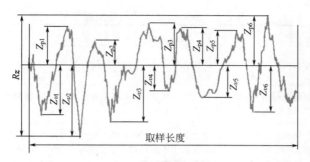

图 3-7　轮廓最大高度 Rz

表 3-3　Rz 的数值　　　　　　　　　　　　　　　　　　　μm

基本系列	0.025	0.050	0.100	0.20	0.40	0.80	1.60
	3.2	6.3	12.5	25.0	50.0	100	200
	400	800	1600				
补充系列	0.032	0.040	0.063	0.080	0.125	0.160	0.25
	0.32	0.50	0.63	1.00	1.25	2.00	2.50
	4.00	5.00	8.00	10.00	16.00	20.00	32.00
	40.00	63.00	80.00	125	160	250	320
	500	630	1000	1250			

（3）轮廓单元的平均宽度 Rsm　　指在一个取样长度内，轮廓单元宽度 X_s 的平均值（图 3-8）。

$$Rsm = \frac{1}{m} \sum_{i=1}^{m} X_{si}$$

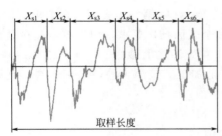

图 3-8　轮廓单元的平均宽度 Rsm

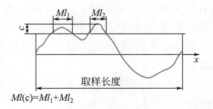

$Ml(c) = Ml_1 + Ml_2$

图 3-9　实体材料长度

（4）轮廓支承长度率 $Rmr(c)$　　轮廓支承长度率 $Rmr(c)$ 是在给定水平截面高度 c 上的轮廓实体材料长度 $Ml(c)$ 与评定长度的比率。轮廓的实体材料长度 $Ml(c)$ 是指取样长度内，用一条平行于 x 轴的线从峰顶向下移一水平截距 c 时，与轮廓单元相截所获得的各段截线长度 Ml_i 之和，如图 3-9 所示。

二、表面粗糙度的符号

GB/T 131—2006 规定了表面粗糙度的符号、代号及其在图样上的标注方法。

1. 表面粗糙度符号

表面粗糙度的符号及其意义见表 3-4。

表 3-4　表面粗糙度的符号及其意义

符　　号	意　　义
✓	基本图形符号,对表面结构有要求的图形符号,简称基本符号。没有补充说明时不能单独使用
✓	扩展图形符号,基本符号上加一短横,表示指定表面是用去除材料的方法获得,如车、铣、钻、磨、剪切、抛光、腐蚀、电火花加工、气割等
✓	扩展图形符号,基本符号上加一小圆,表示表面是用不去除材料的方法获得,如铸、锻、冲压变形、热轧、冷轧、粉末冶金等,或者是用于保持原供应状况的表面(包括保持上道工序状况)
✓	完整图形符号,当要求标注表面结构特征的补充信息时,在允许任何工艺图形符号的长边上加一横线。在文本中用文字 APA 表示
✓	完整图形符号,当要求标注表面结构特征的补充信息时,在去除材料图形符号的长边上加一横线。在文本中用文字 MRR 表示
✓	完整图形符号,当要求标注表面结构特征的补充信息时,在不去除材料图形符号的长边上加一横线。在文本中用文字 NMR 表示

2. 表面粗糙度完整图形符号的组成

为了明确表面粗糙度要求,除了标注表面粗糙度评定参数和数值外,必要时应标注补充

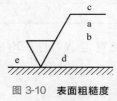

图 3-10　表面粗糙度
参数的标注

要求。补充要求包括传输带、取样长度、加工工艺、表面纹理及方向、加工余量等。在完整符号中,对表面结构的单一要求和补充要求应注写在图 3-10 所示的指定位置。

位置 a——注写表面结构的单一要求。标注表面结构参数代号、极限值和传输带或取样长度。为了避免误解,在参数代号和极限值间应插入空格。传输带或取样长度后应有一斜线 "/",之后是表面结构参数代号,最后是数值。

位置 a、b——标注两个或多个表面结构要求。位置 a 注写第一个表面结构要求,位置 b 注写第二个表面结构要求。如果要注写第三个或更多个表面结构要求,图形符号应在垂直方向扩大,以空出足够的空间。扩大图形符号时,a、b 位置随之上移。

位置 c——注写加工方法、表面处理、涂层或其他加工工艺要求等,如车、磨、镀等加工表面。

位置 d——注写表面纹理和方向,如 "=""X""M" 等。

位置 e——注写加工余量,以 mm 为单位给出数值。

完工零件的表面按检验规范测得轮廓参数值后,需与图样上给定的极限比较,以判定其是否合格。极限值判断规则有两种。

① 16% 规则　运用本规则时,当被检表面测得的全部参数值中,超过极限值的个数不多于总个数的 16% 时,该表面是合格的。

② 最大规则　运用本规则时,被检的整个表面上测得的参数值一个也不应超过给定的极限值。

16% 规则是所有表面结构要求标注的默认规则。即当参数代号后未注写 "max" 字样时,均默认为应用 16% 规则(例如 $\sqrt{\begin{array}{l}Ra\ 3.2\\ Rz\ 12.5\end{array}}$)。反之,则应用最大规则(如 $\sqrt{\begin{array}{l}Ra\ \min\ 3.2\\ Rz\ \min\ 12.5\end{array}}$)。

如果评定长度内的取样长度个数不等于 5（默认值，见 GB/T 10610—2009），应在相应的参数代号后标注其个数。如 $Ra3$、$Rz3$ 表示要求评定长度为 3 个取样长度。

当只标注参数代号、参数值和传输带时，它们应默认为参数的上限值（16％规则或最大规则的极限值）；当参数代号、参数值和传输带作为参数的下限值（16％规则或最大规则的极限值）标注时，参数代号前应加 L。如 L Ra 0.32。

在完整符号中表示双向极限时应标注极限代号，上极限在上方用 U 表示，下极限在下方用 L 表示。如果同一参数具有双向极限要求，在不引起歧义的情况下，可以不加 U、L。上、下极限值可以用不同的参数代号和传输带表达。

表面粗糙度代号及含义见表 3-5。

表 3-5　表面粗糙度代号及含义

序　号	代　号	含　义
1	$Ra\,0.8$	表示不允许去除材料，单向上限值，默认传输带，R 轮廓，算术平均偏差 0.8μm，评定长度为 5 个取样长度（默认），16％规则（默认）。本例未标注传输带，应理解为默认传输带，此时取样长度可由 GB/T 10610 和 GB/T 6062 中查取
2	$Rz\,\max\,0.2$	表示去除材料，单向上限值，默认传输带，R 轮廓，粗糙度最大高度的最大值 0.2μm，评定长度为 5 个取样长度（默认），最大规则
3	$0.008\text{-}0.8/Ra\,3.2$	表示去除材料，单向上限值，传输带 0.008～0.8mm，R 轮廓，算术平均偏差 3.2μm，评定长度为 5 个取样长度（默认），16％规则（默认）。传输带"0.008～0.8"中的前后数值分别为短波和长波滤波器的截止波长（λ_s—λ_c），以示波长范围。此时取样长度等于 λ_c，则 $lr=0.8$mm
4	$-0.8/Ra\,3\,3.2$	表示去除材料，单向上限值，传输带根据 GB/T 6062，取样长度 0.8mm（λ_s 默认 0.0025mm），R 轮廓，算术平均偏差 3.2μm，评定长度为 3 个取样长度，16％规则（默认）
5	U $Ra\,\max\,3.2$ L $Ra\,0.8$	表示不允许去除材料，双向极限值，两极限值均使用默认传输带，R 轮廓，上限值算术平均偏差 3.2μm，评定长度为 5 个取样长度（默认），最大规则，下限值算术平均偏差 0.8μm，评定长度为 5 个取样长度（默认），16％规则（默认）。在不致引起歧义时，可不加注 U、L

三、表面粗糙度的注法

表面粗糙度要求对每一表面一般只标注一次，并尽可能标注在相应的尺寸及其公差的同一视图上。除非另有说明，所标注的表面粗糙度要求是对完工零件表面的要求。

1. 表面粗糙度符号在图样上的标注位置与方向

标注表面粗糙度的总原则：根据 GB/T 4458.4 的规定，使表面结构的注写和读取方向与尺寸的注写和读取方向一致，如图 3-11 所示。

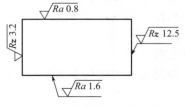

图 3-11　表面粗糙度的注写方向

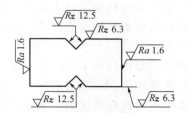

图 3-12　表面粗糙度在轮廓线上的标注

（1）标注在轮廓线或指引线上　表面结构要求可标注在轮廓线上，其符号应从材料外指向并接触表面，必要时，表面结构符号也可以用带箭头或黑点的指引线引出标注，如图3-12、图3-13所示。

（2）标注在特征尺寸的尺寸线上　在不致引起误解时，表面结构要求可以标注在给出的尺寸线上，如图3-14所示。

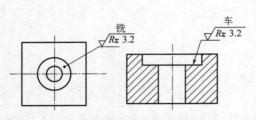

图 3-13　用指引线引出标注表面粗糙度

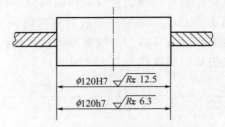

图 3-14　表面粗糙度标注在尺寸线上

（3）标注在几何公差的框格上　表面结构要求可标注在几何公差框格的上方，如图3-15所示。

表面粗糙度
的标注—
微课

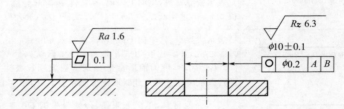

图 3-15　表面粗糙度标注在几何公差框格的上方

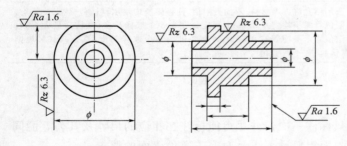

图 3-16　表面粗糙度标注在圆柱特征的延长线上

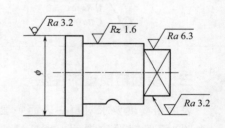

图 3-17　圆柱和棱柱表面粗糙度的注法

（4）标注在延长线上　表面结构要求可以直接标注在轮廓延长线上，或用带箭头的指引线引出标注，如图3-16所示。

（5）标注在圆柱和棱柱表面上　圆柱和棱柱表面的表面结构要求只标注一次。如果每个圆柱和棱柱表面有不同的表面结构要求，则应分别单独标注，如图3-17所示。

2. 表面结构要求的简化注法

表面结构要求还可采用简化注法，简化注法有以下几种。

（1）有相同表面结构要求的简化注法　如果工件的全部表面的结构要求都相同，可将其结构要求统一标注在图样的标题栏附近。

如果在工件的多数（包括全部）表面有相同的表面结构要求时，则其表面结构要求可统一标注在图样的标题栏附近。此时（除全部表面有相同要求的情况外）表面结构要求的符号

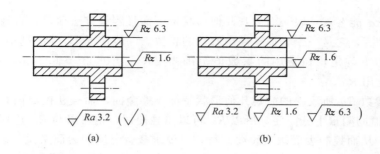

图 3-18　大多数表面有相同表面结构要求的简化注法

后面应有：在圆括号内给出无任何其他标注的基本符号［图 3-18(a)］；在圆括号内给出不同的表面结构要求［图 3-18(b)］。同时，不同的表面结构要求应直接标注在图形中，如图 3-18 所示。

（2）多个表面有共同要求的简化注法　当多个表面具有相同的表面结构要求或空间有限时，可以采用简化注法。

用带字母的完整符号的简化注法：可用带字母的完整符号，以等式的形式，在图形或标题栏附近，对有相同表面结构要求的表面进行标注，如图 3-19 所示。

只用表面结构符号的简化注法：可用基本符号、扩展符号，以等式的形式给出对多个表面共同的表面结构要求，如图 3-20 所示。

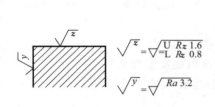

图 3-19　图纸空间有限
时的简化注法

图 3-20　多个表面有共同
要求的简化注法

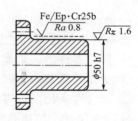

图 3-21　同时给出镀覆
前后要求的标注

3. 两种或多种工艺获得同一表面的注法

由两种或多种不同工艺方法获得的同一表面，当需要明确每一种工艺方法的表面结构要求时，可按图 3-21 进行标注。

四、表面粗糙度的选择

零件表面粗糙度选择是否恰当，不仅影响产品使用性能，而且也直接关系到零件的加工工艺和制造成本。选择表面粗糙度数值的总原则是：在满足使用要求的前提下，考虑到经济合理性，尽量选用较大的表面粗糙度数值。

1. 评定参数的选择

零件表面粗糙度对其使用性能的影响是多方面的。因此，在选择表面粗糙度评定参数时，应能够充分合理地反映表面微观几何形状的真实情况。对大多数表面来说，国家标准规定轮廓的幅度参数 Ra 和 Rz 是必须标注的参数。大多数工件表面给出幅度评定参数 Ra、Rz 即可反映被测表面粗糙度的特征。其他评定参数只有在幅度参数不能满足表面功能要求时，才附加选用。

评定参数 Ra 能客观反映表面微观几何形状特征而且测量方法简单，普通的轮廓测量仪就可测得 Ra 数值，它是一个表征零件耐磨性的参数。一般情况下，Ra 越小，表面越光洁。GB/T 1031—2009 规定，在常用的参数值范围内（Ra 为 $0.025\sim6.3\mu m$，Rz 为 $0.100\sim25\mu m$），优先选用 Ra。

由于评定参数 Ra 所反映的微观几何形状特征不够全面，而且在极小面积范围内不能测量 Ra，但 Rz 值的测量十分简便，所以 Rz 可以单独使用，也可以与 Ra 连用，用以控制微观不平度谷深，从而控制表面微观裂纹。特别对要求疲劳强度的表面来说，表面只要有较深的裂纹，在交变载荷的作用下，就易于产生疲劳破坏。对此情况宜采用 Rz 或同时选用 Ra 和 Rz。

轮廓单元的平均宽度 Rsm 是反映表面微观不平度间距特征的参数。当表面功能需要控制加工痕迹的疏密度，可选用参数 Rsm。参数 Rsm 主要影响表面的涂漆性能及冲击成形时抗裂纹、抗振性、耐腐蚀等性能。

轮廓的支承长度率 $Rmr(c)$ 反映表面的耐磨性很直观且比较全面，同时能反映表面的接触刚度和接合面的密封性。因此，对于耐磨性、接触刚度及密封性有较高要求的重要零件表面，应规定 $Rmr(c)$。

2. 评定表面粗糙度参数值的选择

选择表面粗糙度数值的方法有计算法、试验法和类比法。在实际工作中，由于粗糙度和零件的功能关系十分复杂，因此具体选用时，多用类比法来确定表面粗糙度参数值。

按类比法确定表面粗糙度参数值，先根据经验资料初步选定表面粗糙度参数值，然后对比工作条件进行适当调整。调整时要注意以下问题。

① 同一零件上，工作表面比非工作表面的粗糙度参数值要小。

② 受循环载荷的表面及极易引起应力集中的表面，表面粗糙度参数值要小。

③ 配合性质相同，零件尺寸小的比尺寸大的表面粗糙度参数值要小；同一公差等级，小尺寸比大尺寸、轴比孔的表面粗糙度参数值要小。

④ 运动速度高、单位压力大的摩擦表面比运动速度低、单位压力小的摩擦表面的粗糙度参数值小。

⑤ 要求密封性、耐腐蚀的表面其粗糙度参数值要小。

⑥ 表面粗糙度参数值应与尺寸公差及几何公差相协调。一般来说，尺寸公差和几何公差精度要求高的表面，其粗糙度参数值要小。

⑦ 凡有关标准已对表面粗糙度要求作出规定的，则应按相应标准确定表面粗糙度参数值，如与滚动轴承配合的轴颈和外壳孔的表面。

表 3-6～表 3-8 中列出了表面粗糙度参数值选用的部分资料，可供设计时参考。

表 3-6　形状公差与表面粗糙度参数值的关系

形状公差 t 占尺寸公差 T 的百分比(t/T)/%	表面粗糙度参数值占尺寸公差百分比	
	(Ra/T)/%	(Rz/T)/%
约 60	$\leqslant5$	$\leqslant20$
约 40	$\leqslant2.5$	$\leqslant10$
约 25	$\leqslant1.2$	$\leqslant5$

表 3-7 表面粗糙度的表面特征、经济加工方法及应用举例   μm

表面微观特性		Ra	Rz	加工方法	应用举例
粗糙表面	可见刀痕	>20~40	>80~160	粗车、粗刨、粗铣、钻、毛挫、锯断	半成品粗加工过的表面、非配合的加工表面，如轴端面、倒角、钻孔、齿轮及带轮侧面、键槽底面、垫圈接触面等
	微见刀痕	>10~20	>40~80		
半光表面	可见加工痕迹	>5~10	>20~40	车、刨、铣、镗、钻、粗铰	轴上不安装轴承、齿轮处的非配合表面，紧固件的自由装配表面，轴和孔的退刀槽等
	微见加工痕迹	>2.5~5	>10~20	车、刨、铣、镗、磨、拉、粗刮、滚压	半精加工表面、箱体、支架、盖面、套筒等和其他零件接合面而无配合要求的表面，需要法兰的表面
	看不清加工痕迹	>1.25~2.5	>6.3~10	车、刨、铣、镗、磨、拉、刮、压、铣齿	接近于精加工表面，箱体上安装轴承的镗孔表面，齿轮的工作表面
光表面	可辨加工痕迹方向	>0.63~1.25	>3.2~6.3	车、镗、磨、拉、刮、精铰、磨齿、滚压	圆柱销、圆锥销、与滚动轴承配合的表面，卧式车床导轨面，内、外花键定心表面等
	微辨加工痕迹方向	>0.32~0.63	>1.6~3.2	精铰、精镗、磨、刮、滚压	要求配合性质稳定的配合表面，工作时受交变应力的重要零件，较高精度车床的导轨面
	不可辨加工痕迹方向	>0.16~0.32	>0.8~1.6	精磨、珩磨、研磨、超精加工	精密机床主轴锥孔、顶尖圆锥面，发动机曲轴、凸轮轴工作表面，高精度齿轮表面等
极光表面	暗光泽面	>0.08~0.16	>0.4~0.8	精磨、研磨、普通抛光	精密机床主轴颈表面，一般量规工作表面，气缸内表面，活塞销表面等
	亮光泽面	>0.04~0.08	>0.2~0.4	超精磨、精抛光、镜面磨削	精密机床主轴颈表面，滚动轴承的滚珠，高压液压泵中柱塞配合的表面
	镜状光泽面	>0.01~0.04	>0.05~0.2		
	镜面	≤0.01	≤0.05	镜面磨削、超精研	高精度量仪、量块工作表面，光学仪器中的金属镜面

表 3-8 表面粗糙度 Ra 的推荐选用值   μm

应用场合		公差等级	公称尺寸/mm					
			≤50		>50~120		>120~500	
			轴	孔	轴	孔	轴	孔
经常装拆零件的配合表面		IT5	≤0.2	≤0.4	≤0.4	≤0.8	≤0.4	≤0.8
		IT6	≤0.4	≤0.8	≤0.8	≤1.6	≤0.8	≤1.6
		IT7	≤0.8		≤1.6		≤1.6	
		IT8	≤0.8	≤1.6	≤1.6	≤3.2	≤1.6	≤3.2
过盈配合	压入装配	IT5	≤0.2	≤0.4	≤0.4	≤0.8	≤0.4	≤0.8
		IT6~IT7	≤0.4	≤0.8	≤0.8	≤1.6	≤0.8	≤1.6
		IT8	≤0.8	≤1.6	≤1.6	≤3.2	≤1.6	≤3.2
	热装	—	≤1.6	≤3.2	≤1.6	≤3.2	≤1.6	≤3.2
滑动轴承的配合表面		公差等级	轴			孔		
		IT6~IT9	≤0.8			≤1.6		
		IT10~IT12	≤1.6			≤3.2		
		液体湿摩擦条件	≤0.4			≤0.8		

续表

应用场合		公称尺寸/mm		
圆锥结合的工作表面		密封结合	对中结合	其他
		≤0.4	≤1.6	≤6.3

密封材料处的孔、轴表面	密封形式	速度/m·s⁻¹		
		≤3	3～5	≥5
	橡胶圈密封	0.8～1.6（抛光）	0.4～0.8（抛光）	0.2～0.4（抛光）
	毛毡密封	0.8～1.6		
	迷宫式	3.2～6.3		
	涂油槽式	3.2～6.3		

精密定心零件的配合表面	IT5～IT8	径向跳动	2.5	4	6	10	16	25
		轴	≤0.05	≤0.1	≤0.1	≤0.2	≤0.4	≤0.8
		孔	≤0.1	≤0.2	≤0.2	≤0.4	≤0.8	≤1.6

V带和平带轮工作表面	带轮直径		
	≤120	>120～315	>315
	1.6	3.2	6.3

箱体分界面	类型	有垫片	无垫片
	需要密封	3.2～6.3	0.8～1.6
	不需要密封	6.3～12.5	

训练题

1. 判断题（正确的打√，错误的打×）

（1）评定表面粗糙度所必需的一段长度称取样长度，它可以包含几个评定长度。（   ）

（2）Rz 参数由于测量点不多，因此在反映微观几何形状高度方面的特性不如 Ra 参数充分。（   ）

（3）Rz 参数对某些表面上不允许出现较深的加工痕迹和小零件的表面质量有实用意义。（   ）

（4）选择表面粗糙度评定参数值应尽量小。（   ）

（5）零件的尺寸精度越高，通常表面粗糙度参数值相应取得越小。（   ）

（6）摩擦表面应比非摩擦表面的表面粗糙度数值小。（   ）

（7）要求配合精度高的零件，其表面粗糙度数值应大。（   ）

（8）受交变载荷的零件，其表面粗糙度值应小。（   ）

2. 将表面粗糙度符号标注在图上，要求：

（1）用任何方法加工圆柱面 ϕd_3，Ra 最大值为 $3.2\mu m$。

（2）用去除材料的方法获得孔 ϕd_1，要求 Ra 最大值为 $3.2\mu m$。

（3）用去除材料的方法获得表面 a，要求 Rz 最大值为 $6.3\mu m$。

（4）其余表面用去除材料的方法获得，要求 Ra 上限值均为 $12.5\mu m$。

3. 试将下列的表面粗糙度轮廓技术要求标注在图示的机械加工的零件图样上。

（1）两 ϕd_1 圆柱面的表面粗糙度轮廓参数 Ra 的上限值为 $1.6\mu m$，下限值为 $0.8\mu m$。

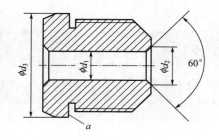

训练题 2 图

（2）ϕd_2 轴肩面的表面粗糙度轮廓参数 Rz 的最大值为 12.5μm。

（3）ϕd_2 圆柱面的表面粗糙度轮廓参数 Ra 的最大值为 3.2μm，最小值为 1.6μm。

（4）宽度为 b 的键槽两侧面的表面粗糙度轮廓参数 Ra 的上限值为 3.2μm。

（5）其余表面的表面粗糙度轮廓参数 Ra 的最大值为 12.5μm。

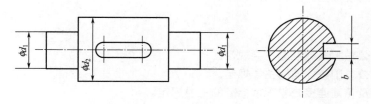

训练题 3 图

项目四
常用结合件的检测

素质目标

① 培养学生主动查阅国家标准的习惯。
② 培养学生精益求精的大国工匠精神。
③ 激发学生科技报国的家国情怀和使命担当。

知识目标

① 掌握螺纹公差国家标准的主要规定。
② 掌握齿轮公差国家标准的主要规定。
③ 掌握平键及花键连接公差国家标准的主要规定。

能力目标

① 具备螺纹参数及相应误差的检测能力。
② 具备齿轮参数及相应误差的检测能力。
③ 具备键连接参数及相应误差的检测能力。

任务 11　螺纹几何参数的检测

任务描述

如图 4-1 所示螺纹工件的代号为 Md-7h（大径 d 根据指导教师所给工件自行测取），要求通过实验确定该螺纹工件的中径、螺距、牙型半角等技术参数是否合格，并计算该螺纹的作用中径，用极限尺寸判断原则对该螺纹工件进行综合性评定。

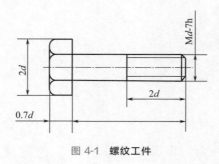

图 4-1　螺纹工件

任务实施

初步拟定实训方案→根据螺纹工件的尺寸及精度选择合适的测量仪器→根据所给螺纹工件与代号确定螺纹大径及其极限偏差、中径及其极限偏差→认识仪器主要部件及作用，掌握各测量仪器的工作原理及测量使用方法→测量螺纹中径、螺距和牙型半角等技术参数→测量数据记录、整理和进行处理→分析测量结果，并判断所测量螺纹工件各单项技术参数合格与否，其综合性的结论如何。

1. 用工具显微镜测量螺纹中径、牙型半角、螺距

① 将工件安装在工具显微镜（图4-2）两顶尖之间，同时检查工作台圆周刻度是否对准零位。

② 接通电源，调节光源及光阑，直到螺纹影像清晰。

③ 旋转手轮，按被测螺纹的螺旋升角调整立柱的倾斜度。

④ 调整目镜上的调节环使米字线、分值刻线清晰，调节仪器的焦距，使被测轮廓影像清晰。

⑤ 测量螺纹各参数（图4-3～图4-5）。

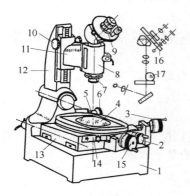

图 4-2　工具显微镜

1—底座；2,6—滚花轮；3,15—千分尺；4—工作台；5—标尺；7—物镜；8—镜筒；9—测角目镜；10—手轮；11—横臂；12—立柱；13—横向导轨；14—纵向导轨；16—分划板；17—滤镜

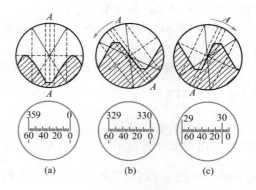

图 4-3　测量螺纹牙型半角

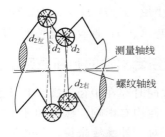

图 4-4　测量螺纹中径

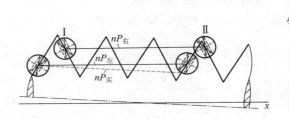

图 4-5　测量螺纹螺距

2. 用三针量法测量螺纹中径

用三针测量螺纹中径属间接测量法。测量时，将三根直径相同且精度很高的量针，放入被测螺纹的沟槽中，用接触式量仪或测微量具测得尺寸 M，根据被测螺纹的螺距 P、牙型半角和量针直径的数值，计算出中径 d_2。与中径极限值比较来判断其合格性。如图4-6所示。

$$d_2 = M - 3d_0 + 0.866P$$

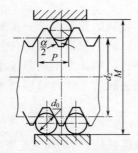

图 4-6　三针量法测量螺纹中径

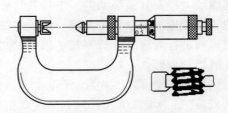

图 4-7　用螺纹千分尺测量普通外螺纹中径

3. 用螺纹千分尺测量普通外螺纹中径

① 根据图纸上普通外螺纹基本尺寸，选择合适规格的螺纹千分尺。

② 测量时，根据被测外螺纹螺距大小选择螺纹千分尺的测头型号，依图 4-7 所示的方式装入螺纹千分尺，并读取零位值。

③ 测量时，应从不同截面、不同方向多次测量外螺纹中径，其值从螺纹千分尺中读取后减去零位的代数值，并记录。

④ 查出被测外螺纹中径的极限值，判断其中径的合格性。

🌱 知识拓展

螺纹件在机电产品和仪器中应用甚广。按其用途可分为连接螺纹和传动螺纹。虽然两类螺纹的使用要求及牙型不同，但各参数对互换性的影响是一致的。

一、普通螺纹件的使用要求和主要几何参数

螺纹的基础
知识—微课

1. 使用要求

普通螺纹有粗牙和细牙两种，用于固定或夹紧零件，构成可拆连接，如螺栓、螺母。其主要使用要求是可旋合性和连接可靠性。旋合性即内、外螺纹易于旋入拧出，以便装配和拆换。连接可靠性是指具有一定的连接强度，螺牙不得过早损坏和自动松脱。

2. 主要几何参数

螺纹的主要几何参数（图 4-8）有：大径（d 或 D）；小径（d_1 或 D_1）；中径（d_2 或 D_2）；单一中径；牙型角 α 和牙型半角（$\alpha/2$）；螺距（P）与导程（P_n）；螺纹旋合长度（L）。

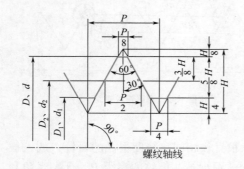

图 4-8　螺纹主要几何参数

二、螺纹中径合格性的判断原则

实际螺纹往往同时存在中径、螺距和牙型半角误差，而三者对旋合性均有影响。螺距和牙型半角误差对旋合性的影响，对于外螺纹来说，其效果相当于中径增大了；对于内螺纹来说，其效果相当于中径减小了。这个增大了或减小了的假想螺纹中径称为螺纹的作用中径，其值为

$$d_{2作用} = d_{2单一} + (f_a/2 + f_p)$$
$$D_{2作用} = D_{2单一} - (F_a/2 + F_p)$$

其中 f_p （或 F_p）$= 1.732 |\Delta P_\Sigma|$

$$f_a/2 \text{（或 } F_a/2) = 0.073P(K_1|\Delta\alpha_1/2| + K_2|\Delta\alpha_2/2|)$$

式中　　　　P——螺距，mm；

$\Delta\alpha_1/2$，$\Delta\alpha_2/2$——左、右牙型半角误差，($'$)；

K_1，K_2——左、右牙型半角误差系数，对外螺纹，当牙型半角误差为正时，K_1 和 K_2 取为 2，为负时取为 3，内螺纹左、右牙型半角误差系数的取值正好与此相反。

国家标准规定螺纹中径合格性的判断仍然遵守泰勒原则，即实际螺纹的作用中径不能超出最大实体牙型的中径，而实际螺纹上任何部位的单一中径不能超出最小实体牙型的中径。

对于外螺纹　　　　　　$d_{2\text{作用}} \leqslant d_{2\max}$　　　　$d_{2\text{单}} \geqslant d_{2\min}$

对于内螺纹　　　　　　$D_{2\text{作用}} \geqslant D_{2\min}$　　　　$D_{2\text{单}} \leqslant D_{2\max}$

三、普通螺纹公差的公差带

1. 螺纹的直径公差

内螺纹中径 D_2 和顶径 D_1 的公差等级分为 4、5、6、7、8 级；外螺纹中径 d_2 分为 3、4、5、6、7、8、9 级，顶径 d 分为 4、6、8 级（表 4-1、表 4-2）。

表 4-1　普通螺纹中径公差（摘自 GB/T 197—2018）　　　　　　　　　μm

公称大径 D，d/mm		螺距	内螺纹中径公差 T_{D_2}					外螺纹中径公差 T_{d_2}						
>	≤	P/mm	公差等级					公差等级						
			4	5	6	7	8	3	4	5	6	7	8	9
5.6	11.2	0.75	85	106	132	170		50	63	80	100	125	—	
		1	95	118	150	190	236	56	71	90	112	140	180	224
		1.25	100	125	160	200	250	60	75	95	118	150	190	236
		1.5	112	140	180	224	280	67	85	106	132	170	212	295
11.2	22.4	1	100	125	160	200	250	60	75	95	118	150	190	236
		1.25	112	140	180	224	280	67	85	106	132	170	212	265
		1.5	118	150	190	236	300	71	90	112	140	180	224	280
		1.75	125	160	200	250	315	75	95	118	150	190	236	300
		2	132	170	212	265	335	80	100	125	160	200	250	315
		2.5	140	180	224	280	355	85	106	132	170	212	265	335
22.4	45	1	106	132	170	212	—	63	80	100	125	160	200	250
		1.5	125	160	200	250	315	75	95	118	150	190	236	300
		2	140	180	224	280	355	85	106	132	170	212	265	335
		3	170	212	265	335	425	100	125	160	200	250	315	400
		3.5	180	224	280	355	450	106	132	170	212	265	335	425
		4	190	236	300	375	475	112	140	180	224	280	355	450
		4.5	200	250	315	400	500	118	150	190	236	300	375	475

螺纹公差带相对于基本牙型的位置由基本偏差确定。国家标准中，对内螺纹规定了两种基本偏差，代号为 G、H；对外螺纹规定了四种基本偏差，代号为 e、f、g、h（表 4-2）。

表 4-2　普通螺纹的基本偏差和顶径公差（摘自 GB/T 197—2018）　　　　　μm

螺距 P/mm	内螺纹的基本偏差 EI		外螺纹的基本偏差 es				内螺纹小径公差 T_{D_1}					外螺纹大径公差 T_d		
	G	H	e	f	g	h	4	5	6	7	8	4	6	8
1	+26		−60	−40	−26		150	190	236	300	375	112	180	280
1.25	+28		−63	−42	−28		170	212	265	335	425	132	212	335
1.5	+32		−67	−45	−32		190	236	300	375	475	150	236	375
1.75	+34		−71	−48	−34		212	265	335	425	530	170	265	425
2	+38	0	−71	−52	−38	0	236	300	375	475	600	180	280	450
2.5	+42		−80	−58	−42		280	355	450	560	710	212	335	530
3	+48		−85	−63	−48		315	400	500	630	800	236	375	600
3.5	+53		−90	−70	−53		355	450	560	710	900	265	425	670
4	+60		−95	−75	−60		375	475	600	750	950	300	475	750

2. 旋合长度

国家标准规定，螺纹的旋合长度分为三组，分别为短旋合长度、中旋合长度和长旋合长度，并分别用代号 S、N、L 表示。

螺纹公差带和旋合长度构成螺纹的精度等级。GB/T 197—2018 将普通螺纹精度分为精密级、中等级和粗糙级三个等级。

3. 普通螺纹公差与配合选用

由基本偏差和公差等级可以组成多种公差带。在实际生产中为了减少刀具及量具的规格和数量，便于组织生产，对公差带的种类予以了限制，推荐按表 4-3、表 4-4 选用。

表 4-3　内螺纹的推荐公差带（摘自 GB/T 197—2018）

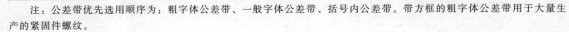

精度	公差带位置 G			公差带位置 H		
	S	N	L	S	N	L
精密	—	—	—	4H	5H	6H
中等	(5G)	**6G**	(7G)	**5H**	6H	**7H**
粗糙	—	(7G)	(8G)	—	7H	8H

注：公差带优先选用顺序为：粗字体公差带、一般字体公差带、括号内公差带。带方框的粗字体公差带用于大量生产的紧固件螺纹。

表 4-4　外螺纹的推荐公差带（摘自 GB/T 197—2018）

精度	公差带位置 e			公差带位置 f			公差带位置 g			公差带位置 h		
	S	N	L	S	N	L	S	N	L	S	N	L
精密	—	—	—	—	—	—	(4g)	(5g 4g)	(3h 4h)	**4h**	(5h 4h)	
中等	—	**6e**	(7e 6e)	—	**6f**	—	(5g 6g)	6g	(7g 6g)	(5h 6h)	6h	(7h 6h)
粗糙	—	(8e)	(9e 8e)	—	—	—	—	8g	(9g 8g)	—	—	—

注：公差带优先选用顺序为：粗字体公差带、一般字体公差带、括号内公差带。带方框的粗字体公差带用于大量生产的紧固件螺纹。

（1）精度等级的选用　对于间隙较小，要求配合性质稳定，需保证一定的定心精度的精密螺纹，采用精密级；对于一般用途的螺纹，采用中等级；不重要的以及制造较困难的螺纹，采用粗糙级。旋合长度的选用，通常采用中等旋合长度，仅当结构和强度上有特殊要求时方可采用短旋合长度和长旋合长度。

（2）配合的选用　螺纹配合的选用主要根据使用要求：为了保证螺母、螺栓旋合后的同轴度及强度，一般选用间隙为零的配合（H/h）；为了装拆方便及改善螺纹的疲劳强度，可选用小间隙配合（H/g 和 G/h）；需要涂镀保护层的螺纹，其间隙大小决定于镀层的厚度，镀层厚度为 $5\mu m$ 左右，一般选 6H/6g，镀层厚度为 $10\mu m$ 左右，则选 6H/6e，若内、外螺纹均涂镀，则选 6G/6e；在高温下工作的螺纹，可根据装配和工作时的温度差别来选定适宜的间隙配合。

四、螺纹标记

螺纹的完整标记，由螺纹代号、公称直径、螺距、螺纹公差带代号和螺纹旋合长度代号（或数值）组成。公差带代号由公差等级级别和基本偏差代号组成。在零件图上的标记如下：

外螺纹　　　　　　　　　　　　　M10-5g6g
内螺纹　　　　　　　　　　　　　M20×2-6H

任务 12　齿轮评定指标的检测

任务描述

如图 4-9 所示齿轮油泵齿轮为中等精度，要求测量齿轮各评定指标，综合评价齿轮的质量。

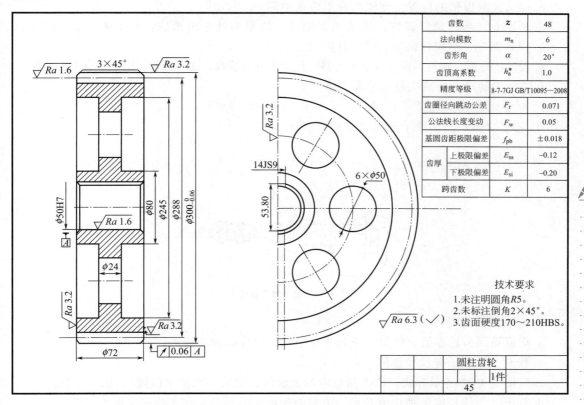

齿数	z	48
法向模数	m_n	6
齿形角	α	20°
齿顶高系数	h_a^*	1.0
精度等级		8-7-7GJ GB/T10095—2008
齿圈径向跳动公差	F_r	0.071
公法线长度变动	F_w	0.05
基圆齿距极限偏差	f_{pb}	±0.018
齿厚	上极限偏差 E_{ss}	−0.12
	下极限偏差 E_{si}	−0.20
跨齿数	K	6

技术要求
1. 未注明圆角R5。
2. 未标注倒角2×45°。
3. 齿面硬度170～210HBS。

		圆柱齿轮	
			1件
		45	

图 4-9　齿轮零件图

※ 任务实施

　　根据齿轮几何参数选择合适的测量仪器→了解各测量仪器的结构和测量原理，认识其主要部件及其作用→按仪器的测量方法进行齿轮各几何参数的测量→分析测量结果，将测量值与其公差或极限偏差值进行比较，判断其合格性。

　　1. 测量齿圈径向跳动误差 ΔF_r

　　① 测量仪器：齿圈径向跳动检查仪如图 4-10 所示。

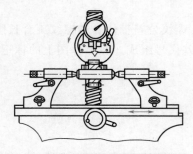

图 4-10　齿圈径向跳动检查仪

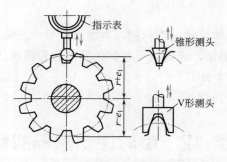

图 4-11　测量齿圈径向跳动误差

　　② 测量步骤如下。

　　a. 将被测齿轮安装在仪器上，松紧合适，即轴向不能窜动，转动自如。

　　b. 根据被测齿轮的模数选择测头（图 4-11），将它装在千分表上，再将千分表装入仪器的表架上并锁紧。

　　c. 移动被测齿轮的位置，使测头处于齿宽中部。

　　d. 松开立柱后的紧定螺钉，转动调节螺母，使测头处于齿槽内，并压表 0.2～0.3mm 左右，锁紧螺钉，将表针调为"0"，开始记录数据。

　　e. 扳动抬升器，转过一齿，放下抬升器，记下千分表读数，逐齿测量，记下所有齿的读数。

　　f. 读数中的最大值减去最小值即为 ΔF_r。

　　2. 测量公法线长度变动值 ΔF_w 与公法线平均长度偏差 ΔE_{wm}

　　① 测量仪器：公法线千分尺如图 4-12 所示。

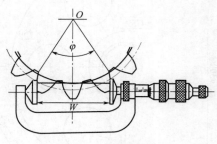

图 4-12　公法线千分尺

　　② 测量步骤如下。

　　a. 根据被测齿轮参数，计算（或查表）公法线公称值和跨齿数。

　　b. 校对公法线千分尺零位值。

　　c. 根据图 4-12 所示方式，依次测量齿轮公法线长度值（测量全齿圈），记下读数。

　　d. 求出公法线长度的平均值及平均值与公称值之差即公法线平均长度偏差 ΔE_{wm}。

e.根据被测齿轮的图纸要求，查出公法线长度变动公差、齿圈径向跳动公差、齿厚上偏差和下偏差，计算公法线平均长度的上、下偏差。

f.测量数据中，公法线长度变动值 ΔF_w 为公法线长度最大值与最小值之差。

3.测量齿距累积误差 ΔF_p

① 测量仪器：齿距仪如图 4-13 所示。

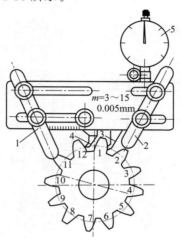

图 4-13　齿距仪

1,2—定位头；3,4—测头；5—指示表

② 测量步骤如下。

a.按被测齿轮模数将测头 3 调整到相应位置，用螺钉固紧。

b.调整两定位头 1、2 的位置，使测头 3 和 4 的测刃在分度圆附近与相邻两同侧齿面接触，然后用螺钉固紧。

c.调整指示表 5 的位置，使其有 1～2 圈的压缩量，为读数方便起见，往往将指针对零，使测爪稍微移开齿轮后，再重新使它们接触，以检查指示表的示值稳定性。

d.按顺序逐齿测量各相对齿距偏差，记下数据。

e.数据处理（见表 4-5）。

表 4-5　数据处理

齿距序号	相对齿距偏差读数值/μm	读数值累加/μm	齿距偏差/μm	齿距累积误差/μm
1	0	0	−0.5	−0.5
2	+3	+3	+2.5	+2
3	+2	+5	+1.5	+3.5
4	+1	+6	+0.5	+4
5	−1	+5	−1.5	+2.5
6	−2	+3	−2.5	0
7	−4	−1	−4.5	−4.5
8	+2	+1	+1.5	−3
9	0	+1	−0.5	−3.5
10	+4	+5	3.5	0

相对齿距偏差修正值 $K = -$（z 个读数累加值/z）$= -$（+5/10）$= -0.5\mu m$

测量结果：$\Delta F_p = +4 -$（−4.5）$= 8.5\mu m$

$\Delta f_{pt} = -4.5\mu m$

将测得数据（相对齿距偏差）记入表中第二列→对读数值按顺序逐齿累积，记入第三列→计算相对齿距偏差修正值 K →将第二列中每一读数均加上 K 值，记入第四列，取偏差的绝对值最大者即为该齿轮的齿距偏差→将第四列的实际齿距偏差逐一累积记入第五列，在全部累积值中取其最大差值即为该齿轮的齿距累积误差→根据计算确定的齿距偏差和齿距累积误差与被测齿轮所要求的相应极限偏差或公差值相比较，判断被测齿轮的合格性。

4. 测量齿厚偏差 ΔE_s

① 测量仪器：齿厚卡尺如图 4-14 所示。

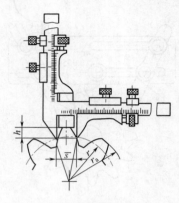

图 4-14　齿厚卡尺

② 测量步骤如下。

a. 用外径千分尺或游标卡尺测量齿顶圆直径，并记录。

b. 计算分度圆实际弦齿高。

c. 按 h 值调整齿厚卡尺的垂直游标。

d. 按图 4-14 所示方式，将齿厚卡尺置于被测齿轮上，使垂直游标尺的定位尺和齿顶接触，然后移动水平游标尺的卡脚，使卡脚紧靠齿廓，从水平游标尺上读出实际弦齿厚。

e. 沿齿轮外圆，重复步骤 d，均匀测量 6～8 点，记录数据。

f. 将所测的分度圆实际弦齿厚减去其公称弦齿厚得出齿厚偏差 ΔE_s。如果齿厚偏差在齿厚上、下偏差之间，则判定齿厚合格。否则，判断其不合格。

5. 测量齿轮基节偏差 Δf_{pb}

① 测量仪器：基节检查仪如图 4-15 所示。

② 测量步骤如下。

a. 根据被测齿轮的参数按公式 $P_b = \pi m \cos\alpha$ 计算公称基节值。

b. 按 P_b 值选择合适的量块，将其搭配，依图 4-15(b) 装入调整零位器的量块夹中，用螺钉固紧。

c. 将基节检查仪的测头插入调整零位器中，转动基节仪的螺杆，使测头和量块夹接触，直到指示表上指针转折时，拧紧基节仪背面的螺钉，再微动表上小轮，使指针对准零位。

d. 把基节仪从调整零位器中轻轻取出，依图 4-15(a) 的方式，使支脚和固定量爪跨在一齿的上部。微微摆动基节仪，使活动量爪沿齿面上下滑动，从表上读取指针转折点处的读数，即得到基节偏差 Δf_{pb}。

e. 在齿轮圆周四等分处，重复 d 步骤，测量左右齿廓的基节偏差，记录数据。

f. 根据齿轮的技术参数，查出基节的上、下极限偏差。如果所测基节实际偏差均在基节上、下偏差之间，则判断齿轮基节偏差合格。否则，判断其不合格。

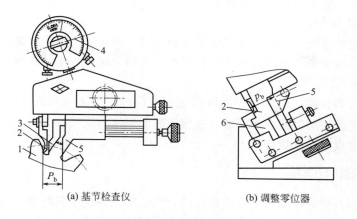

(a) 基节检查仪　　　　　　　　　　　(b) 调整零位器

图 4-15　基节检查仪与调整零位器

1—被测齿轮；2—活动量爪；3—支脚；4—指示表；5—固定量爪；6—量块

6. 测量直齿轮的齿向误差 ΔF_β

① 测量仪器：径向跳动仪、偏摆检查仪。

② 测量方法：如图 4-16 所示，先将被测齿轮安装到心轴上，再将心轴装夹在两顶尖之间，在水平齿槽内放入小圆柱（其直径按 1.68 倍模数选取），使小圆柱在分度圆附近与齿廓相切，然后以检验平板作基准，在水平位置 a 处用指示表在圆柱面的两端点测量，两端点的读数差乘以 b/L 即得齿向误差 ΔF_β。为了避免安装误差，应在相距 180° 的前后两面进行测量，取其平均值作为测量结果。将测量结果与齿向公差进行比较，确定齿轮该项参数的合格性。

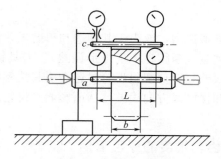

图 4-16　测量直齿轮齿向误差

 知识拓展

一、齿轮传动的使用要求

1. 传递运动的准确性

传递运动的准确性是指齿轮在一转范围内，最大转角误差不超过一定的限度。齿轮一转过程中产生的最大转角误差用 $\Delta \varphi_\Sigma$ 来表示。

2. 传递运动的平稳性

要求齿轮在转一齿范围内，瞬时传动比变化不超过一定的范围。因为这一变动将会引起冲击、振动和噪声。它可以用转一齿过程中的最大转角误差 $\Delta\varphi$ 表示。

3. 载荷分布的均匀性

要求一对齿轮啮合时，工作齿面要保证接触良好，避免应力集中，减少齿面磨损，提高齿面强度和寿命。这项要求可用沿轮齿齿长和齿高方向上保证一定的接触区域来表示。

4. 传动侧隙的合理性

要求一对齿轮啮合时，在非工作齿面间应存在间隙，分为法向侧隙 j_n 和圆周侧隙 j_t，为了使齿轮传动灵活，用以储存润滑油、补偿齿轮的制造与安装误差以及热变形等。否则齿轮传动过程中会出现卡死或烧伤。

二、齿轮的加工误差

齿轮的各项偏差都是在加工过程中形成的，是由工艺系统中齿轮坯、齿轮机床、刀具三个方面的各个工艺因素决定的。齿轮加工误差有下述四种形式。

1. 径向误差

刀具与被切齿轮之间径向距离的偏差。它是由齿坯在机床上的定位误差、刀具的径向跳动、齿坯轴或刀具轴位置的周期变动引起的。

2. 切向误差

齿距累计误差—动画

刀具与工件的展成运动遭到破坏或分度不准确而产生的加工误差。机床运动链各构件的误差，主要是最终的分度蜗轮副的误差，或机床分度盘和展成运动链中进给丝杠的误差，是产生切向误差的根源。

3. 轴向误差

刀具沿工件轴向移动的误差。它主要是由于机床导轨的不精确、齿坯轴线的歪斜所造成的，对于斜齿轮，机床运动链也有影响。轴向误差破坏齿的纵向接触，对斜齿轮还破坏齿高接触。

4. 齿轮刀具铲形面的误差

齿轮切向综合误差—动画

它是由于刀具铲形面的近似造型，或由于其制造和刃磨误差而产生的（此外由于进给量和刀具切削刃数目有限，切削过程断续也产生齿形误差）。刀具铲形面偏离精确表面的所有形状误差，使齿轮产生齿形误差，在切削斜齿轮时还会引起接触线误差。刀具铲形面和齿形误差，使工件产生基节偏差和接触线方向误差，从而影响直齿轮的工作平稳性，并破坏直齿轮和斜齿轮的全齿高接触。

三、渐开线直齿圆柱齿轮精度的评定指标

1. 齿轮传动准确性的评定指标

（1）切向综合误差 $\Delta F_i'$（公差 F_i'）　是指被测齿轮与理想精确的测量齿轮单面啮合检验时，在被测齿轮一转内，齿轮分度圆上实际圆周位移与理论圆周位移的最大差值。

（2）齿距累积误差 ΔF_p（公差 F_p）　是指在端平面上，在接近齿高中部的一个与齿轮轴线同心的圆上，任意 k 个齿距的实际弧长与理论弧长的代数差。

（3）径向跳动误差 ΔF_r（公差 F_r）　是指齿轮一转范围内，测头（球形、圆柱形、砧形）相继置于每个齿槽内时，从它到齿轮轴线的最大和最小径向距离之差。

（4）径向综合误差 $\Delta F_i''$（公差 F_i''）　是指在径向（双面）综合检验时，产品齿轮的左右齿面同时与测量齿轮接触，并转过一整圈时出现的中心距最大值和最小值之差。

F_i'' 只能反映齿轮的径向误差，而不能反映切向误差，所以 F_i'' 并不能确切地和充分地用

来评定齿轮传递运动的准确性。

（5）公法线长度变动值 ΔF_w（公差 F_w） 是指在齿轮一周范围内，实际公法线长度最大值与最小值之差，$\Delta F_w = W_{max} - W_{min}$。

F_w 在齿轮新标准中没有此项参数，但从我国的齿轮实际生产情况看，经常用 F_r 和 F_w 组合来代替 F_p 或 F_i'，这样检验成本不高且行之有效，故在此保留供参考。

2. 齿轮传动平稳性的评定指标

（1）一齿切向综合误差 $\Delta f_i'$（公差 f_i'） 反映齿轮一齿内的转角误差，在齿轮一转中多次重复出现，是评定齿轮传动平稳性精度的一项指标。

（2）一齿径向综合误差 $\Delta f_i''$（公差 f_i''） 是指被测齿轮在径向（双面）综合检验时，对应一个齿距角（$360°/z$）的径向综合误差值。$\Delta f_i''$ 反映齿轮的短周期径向误差，由于仪器结构简单，操作方便，在成批生产中广泛使用。

（3）齿距偏差 Δf_{pt}（极限偏差 $\pm f_{pt}$） 是指在端平面上，在接近齿高中部的一个与齿轮轴线同心的圆上，实际齿距与理论齿距的代数差。$\pm f_{pt}$ 是允许单个齿距偏差 Δf_{pt} 的两个极限值。

（4）基节偏差 Δf_{pb}（极限偏差 $\pm f_{pb}$） 是指实际基节与公称基节的代数差。

（5）齿形误差 Δf_f（公差 f_f） 是指在齿的端面上，齿形工作部分内（齿顶倒棱部分除外），包容实际齿形线且距离为最小的两条设计齿形线间的法向距离。

3. 齿轮载荷分布均匀性的评定指标

齿向误差 ΔF_β（公差 F_β）是指在分度圆柱面上，齿宽有效部分范围内（端部倒角部分除外），包容实际齿线且距离为最小的两条设计齿线之间的断面距离。

4. 传动侧隙合理性的评定指标

（1）齿厚偏差 ΔE_s（极限偏差上偏差 E_{ss}、下偏差 E_{si}） 是指分度圆柱面上，齿厚的实际值与公称值之差。

（2）公法线平均长度偏差 ΔE_{wm}（极限偏差上偏差 E_{wms}、下偏差 E_{wmi}） 是指齿轮一周内，公法线平均长度与公称长度之差。

5. 齿轮副的检验指标

（1）齿轮的接触斑点 是指安装后的齿轮副，在轻微制动下运转后齿面上分布的接触擦亮痕迹。其大小在齿面展开图上（齿长方向、齿宽方向）用百分数计算，是评定齿轮副载荷分布均匀性的综合指标。

（2）齿轮副中心距偏差 Δf_a（极限偏差 $\pm f_a$），是指在齿轮副的齿宽中间平面内，实际中心距与公称中心距之差。

（3）齿轮副的轴线平行度误差 Δf_x、Δf_y（公差 f_x、f_y）。

（4）齿轮副的侧隙 圆周侧隙 j_t、法向侧隙 j_n。

四、渐开线圆柱齿轮精度标准

1. 精度等级及其选择

新标准规定，在文件需叙述齿轮精度要求时，应注明 GB/T 10095.1—2008 或 GB/T 10095.2—2008。

（1）精度等级 标准对单个齿轮规定了 13 个精度等级，从高到低分别用阿拉伯数字 0，1，2，3，…，12 表示，其中 0～2 级齿轮要求非常高，属于未来发展级，3～5 级称为高精度等级，6～8 级称为中精度等级（最常用），9 为较低精度等级，10～12 为低精度等级。

齿轮精度等级标注方法如下。

"7 GB/T 10095.1—2008"含义为齿轮各项偏差项目均为 7 级精度，且符合 GB/T 10095.1—2008 要求。

选择精度等级的主要依据是齿轮的用途、使用要求和工作条件，一般有计算法和类比法，类比法是参考同类产品的齿轮精度，结合所设计齿轮的具体要求来确定精度等级（表 4-6）。

表 4-6　各类机械设备的齿轮精度等级

应用范围	精度等级	应用范围	精度等级
测量齿轮	3～5	拖拉机	6～10
汽轮机、减速器	3～6	一般用途的减速器	6～9
金属切削机床	3～8	轧钢设备小齿轮	6～10
内燃机与电气机车	6～7	矿用绞车	8～10
轻型汽车	5～8	起重机构	7～10
重型汽车	6～9	农业机械	8～11
航空发动机	4～7		

中等速度和中等载荷的一般齿轮精度等级通常按分度圆处圆周速度来确定（表 4-7）。

表 4-7　齿轮精度等级的适用范围

精度等级	圆周速度 $v/\mathrm{m \cdot s^{-1}}$		工作条件与适用范围
	直齿	斜齿	
4	$20 < v \leqslant 35$	$40 < v \leqslant 70$	特精密分度机构或在最平稳、无噪声的极高速下工作的传动齿轮；高速透平传动齿轮；检测 7 级齿轮的测量齿轮
5	$16 < v \leqslant 20$	$30 < v \leqslant 40$	精密分度机构或在极平稳、无噪声的高速下工作的传动齿轮；精密机构用齿轮；透平齿轮；检测 8 级和 9 级齿轮的测量齿轮
6	$10 < v \leqslant 16$	$15 < v \leqslant 30$	最高效率、无噪声的高速下平稳工作的齿轮传动；特别重要的航空、汽车齿轮；读数装置用的特别精密传动齿轮
7	$6 < v \leqslant 10$	$10 < v \leqslant 15$	增速和减速用齿轮传动；金属切削机床进给机构用齿轮；高速减速器齿轮；航空、汽车用齿轮；读数装置用齿轮
8	$4 < v \leqslant 6$	$4 < v \leqslant 10$	一般机械制造用齿轮；分度链之外的机床传动齿轮；航空、汽车用的不重要齿轮；起重机构用齿轮，农业机械中的重要齿轮；通用减速器齿轮
9	$v \leqslant 4$	$v \leqslant 4$	不提出精度要求的粗糙工作齿轮

（2）齿厚偏差标注　按照 GB/T 6443《渐开线圆柱齿轮图样上应注明的尺寸数据》的规定，应将齿厚（或公法线长度）及其极限偏差数值注写在图样右上角的参数表中。

2. 齿轮的检验组及选择

按照我国的生产实践及现有生产和检测水平，特推荐以下检验组（表 4-8），以便于设计人员按齿轮使用要求、生产批量和检验设备选取其中一个检验组，来评定齿轮的精度等级。

表 4-8　齿轮检验组及选择

检验组	公差值			适用等级	测量仪器	适用范围
	I	II	III			
1	$\Delta F_i'$	$\Delta f_i'$		3~8	单啮仪、齿向仪	反映转角误差真实、测量效率高，适用于成批生产的齿轮的验收
2	ΔF_p	Δf_f 与 Δf_{pb} 或 Δf_f 与 Δf_{pt}		3~8	齿距仪、基节仪（万能测齿仪）、齿向仪、渐开线检查仪	准确度高，适用于中、高精度的磨齿、滚齿、插齿、剃齿的齿轮验收检测或工艺分析与控制
3		Δf_{pb} Δf_{pt}		9~10	齿距仪、基节仪（万能测齿仪）、齿向仪	适用于精度不高的直齿轮及大尺寸齿轮，或多齿数的滚切齿轮
4	$\Delta F_i''$ ΔF_w	$\Delta f_i''$	Δf_β	6~9	双啮仪、公法线千分尺、齿向仪	接近加工状态，经济性好，适用于大量或成批生产的汽车、拖拉机齿轮
5	ΔF_r ΔF_w	Δf_f 与 Δf_{pb} 或 Δf_f 与 Δf_{pt}		6~8	径向跳动仪、公法线千分尺、渐开线检查仪、基节仪、齿向仪	准确度高，有助于齿轮机床的调整，便于工艺分析。适用于中等精度的磨削齿轮和滚齿、插齿、剃齿的齿轮
6		Δf_{pb} Δf_{pt}		9~10	径向跳动仪、公法线千分尺、渐开线检查仪、基节仪、齿向仪	便于工艺分析，适用于中、低精度的齿轮；多齿数滚齿的齿轮
7	ΔF_r	Δf_{pt}		10~12	径向跳动仪、齿距仪	

注：第Ⅲ公差组中的 ΔF_β 在不进行接触斑点检验时才用。

任务 13　平键键槽的检测

任务描述

图 4-17 所示为齿轮油泵传动齿轮结合处的轴键槽和孔键槽，试检测键槽的宽度、深度及对称度误差，并判断其合格性。

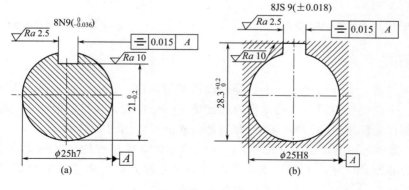

图 4-17　键槽

任务实施

1.尺寸检测

① 在单件、小批生产中，采用游标卡尺、千分尺等通用量仪来测量键槽宽度和深度。

② 在成批、大量生产中，采用量块或极限量规来检测键槽宽度和深度。

2. 对称度误差检测

① 当对称度公差遵守独立原则，且为单件、小批生产时用通用量仪测量。常用的方法如图 4-18 所示。

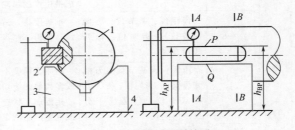

图 4-18　对称度误差检测
1—工件；2—定位块；3—V 形架；4—平板

工件 1 的被测键槽中心平面和基准轴线用定位块（或量块）2 和 V 形架 3 模拟体现。先转动 V 形架上的工件，以调整定位块的位置，使其沿径向与平板 4 平行。然后用指示表在键槽的一端截面（如图中的 $A—A$ 截面）内测量定位块表面 P 到平板的距离，将工件翻转 180°，重复上述步骤，测得定位块表面 Q 到平面的距离，P、Q 对应点的读数差为 a，则该截面的对称度误差 $f_1=at/(d-t)$。沿键的长度方向测量，在长度方向上 A、B 两点的最大差值为 f_2。取 f_1、f_2 的最大值作为该键槽的对称度误差。

② 在成批、大量生产或对称度公差采用相关要求时，应采用专用量规来检验，如图 4-19 和图 4-20 所示。

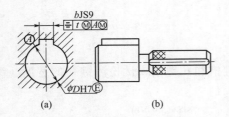

图 4-19　轮毂槽对称度量规

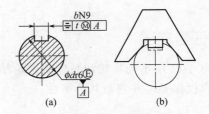

图 4-20　轴槽对称度量规

知识拓展

键又称为单键，可分为平键、半圆键和楔形键等几种，其中平键又可分为普通平键和导向平键两种。平键连接由键、轴键槽和轮毂键槽三部分组成，通过键的侧面与轴键槽、轮毂键槽的侧面相互接触来传递转矩。平键和键槽的断面尺寸如图 4-21 所示。

b 为键和键槽的宽度，是配合尺寸，t 和 t_1 分别为轴键槽和轮毂键槽的深度，h 为键的高度，它们为非配合尺寸，d 为轴或轮毂的直径。键的上表面和轮毂键槽间留有一定的间隙，以避免影响轴径与轮毂孔径所确定的配合性质。

1. 平键连接的尺寸公差与配合

平键连接中，键是标准件，因此键与键槽宽度的配合采用基轴制，GB/T 1095—2003《平键　键和键槽的剖面尺寸》规定按轴径确定键和键槽尺寸，平键和键槽剖面尺寸及键槽极限偏差见表 4-9。对键的宽度规定一种公差带 h9，对轴键槽和轮毂键槽的宽度各规定三种公差带，以满足各种用途的需要（表 4-10）。

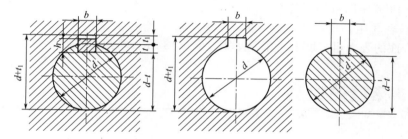

图 4-21   平键和键槽的断面尺寸

表 4-9   平键和键槽剖面尺寸及键槽极限偏差（摘自 GB/T 1095—2003）   mm

轴	键	键 槽											
		宽度 b						深度				半径 r	
			极限偏差					轴 t		毂 t_1			
公称尺寸 d	公称尺寸 b×h	公称尺寸 b	较松键连接		一般键连接		较紧键连接						
			轴 H9	毂 D10	轴 N9	毂 JS9	轴和毂 P9	公称尺寸	极限偏差	公称尺寸	极限偏差	最大	最小
>22～30	8×7	8	+0.360 0	+0.098 +0.040	0 −0.036	±0.018	−0.015 −0.051	4.0	+0.2 0	3.3	+0.2 0	0.16	0.25
>30～38	10×8	10						5.0		3.3			
>38～44	12×8	12	+0.043 0	+0.120 +0.050	0 −0.043	±0.021	−0.018 −0.061	5.0		3.3		0.25	0.40
>44～50	14×9	14						5.5		3.8			
>50～58	16×10	16						6.0		4.3			
>58～65	18×11	18						7.0		4.4			
>65～75	20×12	20	+0.052 0	+0.149 +0.065	0 −0.052	±0.026	−0.022 −0.074	7.5		4.9		0.40	0.60
>75～85	22×14	22						9.0		5.4			
>85～95	25×14	25						9.0		5.4			
>95～110	28×16	28						10.0		5.4			

表 4-10   平键连接的三组配合及其应用

配合种类	尺寸 b 的公差带			应 用
	键	轴键槽	轮毂键槽	
较松连接	h9	H9	D10	用于导向平键，轮毂在轴上移动
一般连接		N9	JS9	键在轴键槽中和轮毂键槽中均固定，用于载荷不大的场合
较紧连接		P9	P9	键在轴键槽中和轮毂键槽中均固定，主要用于载荷较大，载荷具有冲击，以及双向传递转矩的场合

　　平键高度 h 的公差带一般采用 h11，平键长度 L 的公差带采用 h14。轴键槽长度 L 的公差带采用 H14。轴键槽深度 t 和轮毂键槽深度 t_1 的极限偏差由 GB/T 1095—2003 专门规定，为了便于测量，在图样上对轴键槽深度和轮毂键槽深度分别标注 "$d-t$" 和 "$d+t_1$"。

　　2. 键槽的位置公差

　　为保证键的侧面与键槽之间有足够的接触面积和避免装配困难，应分别规定轴键槽和轮毂键槽的对称度公差。对称度公差的公称尺寸是指键宽 b。根据不同要求和键宽 b，按

GB/T 1184—1996 中的对称度公差的 7～9 级选取。

3. 键槽的表面粗糙度

键槽配合面的表面粗糙度 Ra 值一般取 1.6～6.3μm，非配合表面取 6.3～12.5μm。

任务 14 花键的检测

任务描述

图 4-22 所示为齿轮变速箱传动轴与齿轮采用的花键连接，试检测花键的各尺寸及对称度误差，并判断其合格性。

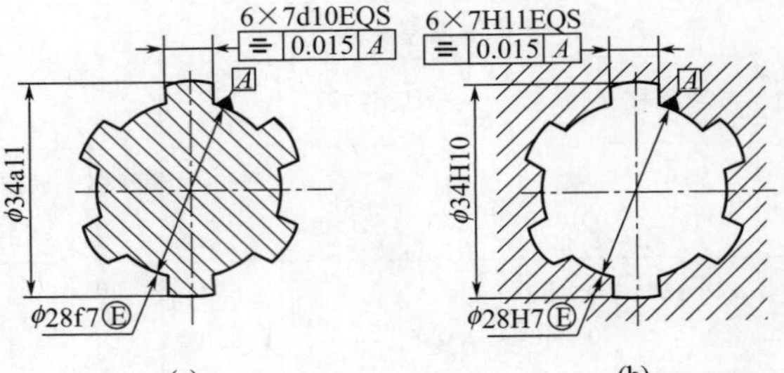

图 4-22 花键

任务实施

1. 单项检测

单项检测就是对花键的单项参数小径、大径、键宽（键槽宽）等尺寸和位置误差分别测量或检验。

当花键小径定心表面采用包容要求，各键（键槽）的对称度公差及花键各部位均遵守独立原则时，一般应采用单项检测。采用单项检测时，小径定心表面应采用光滑极限量规检验。大径、键宽的尺寸在单件、小批生产时使用普通计量器具测量，在成批大量生产中，可用专用极限量规来检验。

2. 综合测量

综合检验就是对花键的尺寸、几何误差按控制实效边界原则，用综合量规（图 4-23）进行检验。

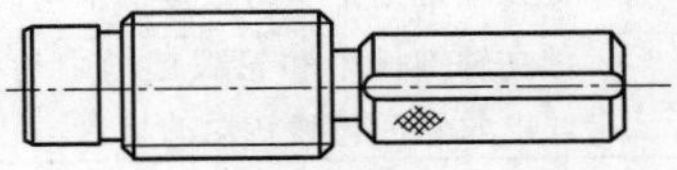

(a) 花键塞规

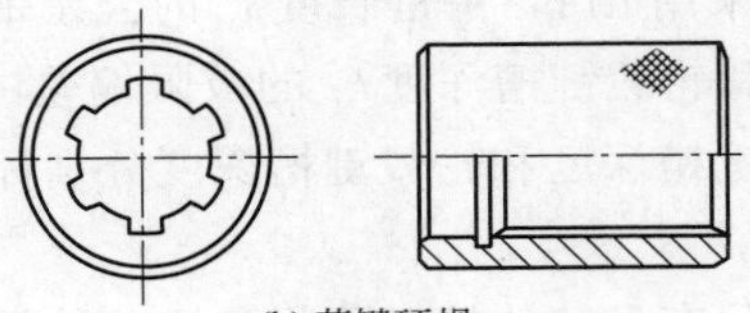

(b) 花键环规

图 4-23 花键的综合量规

　　花键的综合量规（内花键为综合塞规，外花键为综合环规）均为全形通规，其作用是检验内、外花键的实际尺寸和几何误差的综合结果，即同时检验花键的小径、大径、键宽（键槽宽）表面的实际尺寸和几何误差与各键（键槽）的位置误差及大径对小径的同轴度误差等综合结果。对小径、大径和键宽（键槽宽）的实际尺寸是否超越各自的最小实体尺寸，则采用相应的单项止端量规（或其他计量器具）来检测。综合检测内、外花键时，若综合量规通过，单项止端量规不通过，则花键合格。当综合量规不通过，花键为不合格。

知识拓展

　　与键连接相比，花键连接具有下列优点：定心精度高；导向性好；承载能力强。因而花键在机械中获得广泛应用。花键连接分为固定连接与滑动连接两种。花键连接的使用要求为：保证连接强度及传递转矩可靠；定心精度高；滑动连接还要求导向精度及移动灵活性，固定连接要求可装配性。按齿形的不同，花键分为矩形花键、渐开线花键和三角花键（图4-24），其中矩形花键应用最广泛。

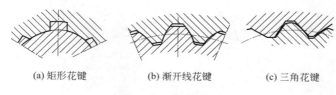

(a) 矩形花键　　　(b) 渐开线花键　　　(c) 三角花键

图 4-24　花键的类型

1. 花键定心方式

　　花键有大径 D、小径 d 和键（槽）宽 B 三个主要尺寸参数，若要求这三个尺寸同时起配合定心作用，以保证内、外花键同轴度是很困难的，而且也无必要。因此，为了改善其加工工艺性，只需将其中一个参数加工得较准确，使其起配合定心作用。由于转矩的传递是通过键和键槽两侧面来实现的，因此，键和槽宽不论是否作为定心尺寸，都要求有较高的尺寸精度。

　　根据定心要素的不同，可分为三种定心方式：按大径 D 定心；按小径 d 定心；按键宽 B 定心。如图 4-25 所示。

(a) 大径定心　　　(b) 小径定心　　　(c) 键宽定心

图 4-25　花键的定心方式

　　矩形花键国家标准（GB/T 1144—2001）规定，矩形花键用小径定心，因为小径定心有一系列优点。当用大径定心时，内花键定心表面的精度依靠拉刀保证，而当内花键定心表面硬度要求高（40HRC 以上）时，热处理后的变形难以用拉刀修正；当内花键定心表面粗糙度要求高（$Ra<0.63\mu m$）时，用拉削工艺也难以保证；在单件、小批生产及大规格花键中，内花键也难以用拉削工艺，因为该种加工方式不经济。采用小径定心时，热处理后的变形可用内圆磨修复，而且内圆磨可达到更高的尺寸精度和更高的表面粗糙度要求，因而小径定心的定心精度更高，定心稳定性较好，使用寿命长，有利于产品质量的提高。外花键小径精度可用成形磨削保证。

2. 矩形花键的尺寸公差与配合

内、外花键尺寸公差带见表 4-11。

表 4-11　内、外花键尺寸公差带（摘自 GB/T 1144—2001）

内　　花　　键				外　　花　　键			装配类型
d	D	B		d	D	B	
		不热处理	要热处理				
一　　般　　用							
H7	H10	H9	H11	f7	a11	d11	滑动
				g7		f9	紧滑动
				h7		h10	固定
精　密　传　动　用							
H5	H10	H7、H9		f5	a11	d8	滑动
				g5		f7	紧滑动
				h5		h8	固定
H6				f6		d8	滑动
				g6		f7	紧滑动
				h6		h8	固定

对花键孔规定了拉削后热处理和不热处理两种。标准中规定，按装配类型分滑动、紧滑动和固定三种配合。其区别在于，前两种在工作过程中，既可传递转矩，且花键套还可在轴上移动；后者只用来传递转矩，花键套在轴上无轴向移动。

花键连接采用基孔制，目的是减少拉刀的数目。

对于精密传动用的内花键，当需要控制键侧配合间隙时，槽宽公差带可选用 H7，一般情况下可选用 H9。

当内花键小径公差带为 H6 和 H7 时，允许与高一级的外花键配合。

为保证装配性能要求，小径极限尺寸应遵守包容原则。

各尺寸（D、d 和 B）的极限偏差，可按其公差带代号及基本尺寸由"极限与配合"相应国家标准查出。

3. 内、外花键的几何公差要求

内、外花键的几何公差主要是位置度公差（包括键、槽的等分度、对称度等）要求，如表 4-12 所列。

表 4-12　内、外花键位置度公差　　　　　　　　　　　　　μm

键槽宽或键宽 B/mm			3	3.5～6	7～10	12～18
位置度公差	键槽宽		10	15	20	25
	键宽	滑动、固定	10	15	20	25
		紧滑动	6	10	13	15

对较长的花键，可根据产品性能自行规定键侧对轴线的平行度公差。

4. 花键各表面的粗糙度要求

花键各表面的粗糙度要求见表 4-13。

表 4-13　花键各表面的粗糙度要求

加工表面	内花键	外花键
	$Ra/\mu m$，$\leqslant$	
小　径	1.6	0.8
大　径	6.3	3.2
键　侧	6.3	1.6

5. 标注示例

花键规格：$N \times d \times D \times B$　　　　　　$6 \times 23 \times 26 \times 6$

花键副：$6 \times 23 \dfrac{H7}{f7} \times 26 \dfrac{H10}{a11} \times 6 \dfrac{H11}{d10}$　　　GB/T 1144—2001

内花键：$6 \times 23H7 \times 26H10 \times 6H11$　　　GB/T 1144—2001

外花键：$6 \times 23f7 \times 26a11 \times 6d10$　　　GB/T 1144—2001

 训练题

1. 齿轮传动的四项使用要求是什么？

2. 评定齿轮传动准确性的指标有哪些？

3. 评定齿轮传动平稳性的指标有哪些？

4. 齿轮精度等级分几级？如何表示？

5. 规定齿侧间隙的目的是什么？对单个齿轮来讲可用哪两项指标控制齿侧间隙？

6. 如何选择齿轮的精度等级和检验项目？

7. 某一配合为 $\phi25H8/k7$，用普通平键连接以传递转矩，已知 $b=8mm$、$h=7mm$、$L=20mm$。平键配合为一般连接。试确定键及键槽各尺寸及其极限偏差、几何公差和表面粗糙度。

8. 某公称尺寸为 $10 \times 82 \times 88 \times 12$ 的矩形花键连接件，无精密传动要求，定心精度要求也不高，但花键孔在拉削后需进行热处理以保证硬度和经常轴向移动所需的耐磨性。试确定内、外花键的公差与配合、标记、几何公差及表面粗糙度。

9. 有一螺纹连接，其规格及配合为 M30-6H/6f。加工后测得尺寸如下。螺母：$D_{2单-}=$ 27.51mm，$\Delta P_{\Sigma}=25\mu m$，$\Delta \dfrac{\alpha_1}{2}=-15'$，$\Delta \dfrac{\alpha_2}{2}=+35'$。螺栓：$d_{2单-}=27.24mm$，$\Delta P_{\Sigma}=$ 20μm，$\Delta \dfrac{\alpha_1}{2}=+30'$，$\Delta \dfrac{\alpha_2}{2}=+20'$。试计算中径的配合间隙，并判断此螺纹副合格否？

素质目标

① 培养学生自我提升、开拓创新的精神。
② 培养学生精益求精的大国工匠精神。
③ 激发学生科技报国的家国情怀和使命担当。

知识目标

① 了解光栅技术的特点及光栅传感器的结构、工作原理。
② 了解激光技术的特点、激光传感器的种类及结构、激光测长仪工作原理。
③ 了解三坐标测量技术的特点、三坐标测量机的种类、结构、工作原理。

任务 15　了解光栅测量技术

20 世纪 50 年代，人们利用光栅莫尔条纹现象，把光栅作为测量元件，开始应用于机床和计量仪器上。由于光栅具有结构原理简单、计量精度高等优点，在国内外受到重视和推广。近些年来我国设计、制造了很多形状的光栅传感器，成功地将其作为数控机床的位置检测元件，并应用于高精度机床和仪器的精密定位或长度、速度、加速度、振动等方面的测量。

一、计量光栅

光栅是由玻璃或金属材料制成的且有很多等间距的不透光刻线和刻线间透光隙的光器件。按工作原理，有物理光栅和计量光栅之分。前者利用光的衍射现象，通常用于光谱分析和光波测定等方面；后者主要利用光栅的莫尔条纹现象，广泛应用于位移的精密测量与控制中。

计量光栅按对光的作用，可分为投射光栅和反射光栅；按光栅表面结构又可分为幅值（黑白）光栅和相位（闪耀）光栅；按光栅的坯料不同，可分为金属光栅和玻璃光栅；按用途可分为长光栅（测量线位移）和圆光栅（测量角位移）。在计量光栅中应用较为广泛的是长光栅和圆光栅。长光栅的刻线密度有每毫米 25 条、50 条、100 条和 250 条等，圆光栅的刻线数有 10800 条和 21600 条两种。这里主要讨论用于长度测量的黑白投射式计量光栅。

二、光栅条纹的产生

1. 光栅传感器的结构

光栅传感器主要由主光栅（标尺光栅）、指示光栅和光电接收器等组成，如图 5-1 所示。主光栅 3 是一块长条形的光学玻璃，上面均匀地刻划有宽度为 a 和间距为 b 的相等的透光和不透光线条，$a+b=W$ 称为光栅的栅距或光栅常数。指示光栅 4 比主光栅短得多，通常刻有与主光栅同样刻线密度的条纹。

2.莫尔条纹的形成和特点

如图 5-2（a）所示，把主光栅与指示光栅相对平行叠合在一起，中间保持 0.01～0.1mm 间隙，并使两者栅线之间保持很小的夹角 β，于是在近乎垂直栅线的方向上出现了明暗相间的条纹。在 aa 线上两光栅的透光线条彼此重合，光线从缝隙中通过，形成亮带；在 bb 线上，两光栅的透光线彼此错开，挡住光线形成暗带。这种明暗相间的条纹称为莫尔条纹。

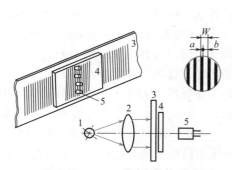

图 5-1　光栅及光栅传感器

1—光源；2—透镜；3—主光栅；
4—指示光栅；5—光电接收器

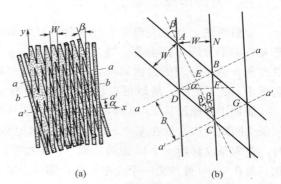

图 5-2　莫尔条纹的形成

图 5-2（b）表示主光栅和指示光栅透光线条中心相交的情况，很显然，它们交点的连线也就是亮带的中心线，图中 DB 便是亮带 aa 的中心线，而 CG 则是亮带 $a'a'$ 的中心线，由图可见莫尔条纹倾角 α 即图中 $\angle BDF$ 为两光栅栅线夹角 β 的一半，即

$$\alpha=\frac{\beta}{2} \tag{5-1}$$

从图 5-2（b）可以求得横向莫尔条纹之间的距离 B（即相邻两条亮带中心线或相邻两条暗带中心线之间的距离），从 $\triangle ANC$ 中求出 B 为

$$B=CE=\frac{1}{2}AC=\frac{AN}{2\sin\frac{\beta}{2}}=\frac{W}{2\sin\frac{\beta}{2}} \tag{5-2}$$

式中　B——横向莫尔条纹之间的距离；

　　　W——光栅栅距；

　　　β——主光栅与指示光栅之间的夹角。

由式（5-1）可知，莫尔条纹的方向与光栅移动方向（x 方向）只相差 $\frac{\beta}{2}$，即近似垂直于栅线方向，故称横向莫尔条纹，如图 5-2 所示。

莫尔条纹具有以下主要特性。

① 移动方向　设主光栅栅线与 y 轴平行，指示光栅相对主光栅栅线即 y 轴形成一个逆时针方向的夹角 β，如图 5-2 所示，若指示光栅不动，主光栅向右移动，则莫尔条纹将向下移动，若主光栅左移，则莫尔条纹将向上移动，当指示光栅相对主光栅栅线形成一个顺时针方向夹角 β 时，莫尔条纹移动方向正好与上述方向相反。

② 移动距离　主光栅沿栅线垂直方向（即 x 轴方向）移动一个光栅栅距 W 时，莫尔条纹正好移动一个条纹间距 B。由式（5-2）可知，当 β 很小时，$B \gg W$，即莫尔条纹具有放大作用。通过测量莫尔条纹移过的距离，就可以测出主光栅的微位移，而且可通过调节 β 来调节条纹宽度，这给实际应用带来了方便。

③ 平均效应　由于莫尔条纹是由光栅的大量刻线共同形成的，光电元件接收的光信号是进入指示光栅视场的线纹数的综合平均结果。若某个光栅栅距有局部误差，由于平均效应，其影响将大大减弱，即莫尔条纹具有减小光栅栅距局部误差的作用。

三、光栅传感器的工作原理

如前所述，当主光栅左右移动时，莫尔条纹上下移动。由图 5-2 可见，莫尔条纹与两光栅夹角的平分线保持垂直。当主光栅栅线与 y 轴平行，且主光栅沿 x 轴移动时，莫尔条纹沿夹角 β 的平分线的方向移动，严格地讲莫尔条纹移动方向与 y 轴有 $\beta/2$ 的夹角，但因 β 一般很小，$\beta/2$ 更小，所以可以认为，主光栅沿 x 轴移动时，莫尔条纹沿 y 轴移动。

假设主光栅位移 $x = 0$ 时，坐标原点 $y = 0$ 处正处于亮带的中心线上，即光强最大。因莫尔条纹间距为 B，故在 $y = \pm nB$（n 为整数）处也均为光强最大处。当光栅移动一个栅距 W 时，莫尔条纹移动一个 B 距离，而 $y = 0$ 处也经历一个"亮→暗→亮"的光强变化周期。因此，若在 $y = 0$ 处放置一个光电元件，则该光电元件的输出信号会随着光栅位移呈周期性变化，如图 5-3 所示。从理论上讲，光强与透光面积成正比，光强与光栅位置的关系曲线应是一个三角波。实际情况下，因为光栅的衍射作用和两块光栅之间间隙的影响，它的波形近似于正弦波。而且由于间隙漏光发散，最暗时也达不到全黑状态，即光电元件输出达不到零值。

光电元件的输出电压 u_0 与所在处光强成正比。由图 5-3 可见，光电元件输出信号由直流分量 U_{av} 和交流分量叠加而成，可近似描述为

$$u_0 = U_{av} + U_m \cos\left(\frac{2\pi}{W}x\right) \tag{5-3}$$

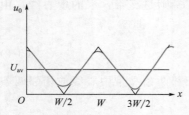

图 5-3　光强变化信号

当主光栅相对指示光栅移过一个光栅栅距 W 时，由光栅副产生的莫尔条纹也移动一个条纹间距 B，从光电接收器输出的光电转换信号也完成一个周期。光电接收器由四个硅光电池组成，分别输出相邻相位差为 $90°$ 的四路信号，经电路放大、整形，后经处理成计数脉冲，并用电子计数器计数，最后由显示器显示光栅移动的位移，从而实现数字化的自动测量。电路原理如图 5-4 所示。

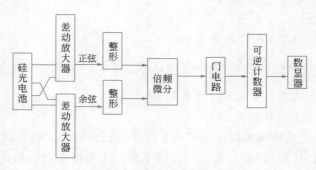

图 5-4　光栅电路原理

任务 16　了解激光测量技术

激光技术是近代科学技术发展的重要成果之一，目前已被成功地应用于精密计量、军事、宇航、医学、生物、气象等各领域。

激光与普通光源发出的光相比，它既具有一般光的特征（如反射、折射、干涉、衍射、偏振等），又具有以下特性：高方向性、高亮度、高单色性、高相干性。激光是由受激辐射产生的，各发光中心是相互关联的，能在较长的时间内形成稳定的相位差，振幅也是恒定的，所以具有良好的相干性。

由发射激光的激光器、光学零件和光电器件所构成的激光测量装置能将被测量（如长度、流量、速度等）转换成电信号，因此广义上也可将激光测量装置称为激光式传感器。激光式传感器实际上是以激光为光源的光电式传感器。

一、常用激光传感器的种类

1. 激光干涉传感器

这类传感器应用激光的高相干性进行测量。通常是将激光器发出的激光分为两束，一束作为参考光，另一束射向被测对象，然后再使两束光重合（若就频率而言是使两者混合），重合（或混合）后输出的干涉条纹（或差频）信号，即反映了检测过程中的相位（或频率）变化，据此可判断被测量的大小。

激光干涉传感器可应用于精密长度计量和工件尺寸、坐标尺寸的精密测量，还可用于精密定位，如精密机械加工中的控制和校正、感应同步器的刻划、集成电路制作等定位。

2. 激光衍射传感器

光束通过被测物产生衍射现象时，其后面的屏幕上形成光强有规则分布的光斑。这些光斑条纹称为衍射图样。衍射图样与衍射物（即障碍物或孔）的尺寸以及光学系统的参数有关，因此根据衍射图样及其变化就可确定衍射物也就是被测物的尺寸。激光因其良好的单色性，而在小孔、细丝、狭缝等小尺寸的衍射测量中得到了广泛的应用。

3. 激光扫描传感器

激光束以恒定的速度扫描被测物体（如圆棒），由于激光方向性好、亮度高，因此光束在物体边缘形成强对比度的光强分布，经光电器件转换成脉冲电信号，脉冲宽度与被测物尺寸（如圆棒直径）成正比，从而实现了物体尺寸的非接触测量。激光扫描传感器适用于柔软的不允许有测量力的物体、不允许测头接触的高温物体以及不允许表面划伤的物体等的在线测量。由于扫描速度可达 95m/s，允许测量快速运动或振幅不大、频率不高的振动着的物体的尺寸，因此经常用于加工中（即在线）非接触主动测量。

激光除了在长度等测量中的一些应用外，还可测量物体或微粒的运动速度、流速、振动、转速、加速度、流量等，并有较高的测量精度。

二、激光测长仪工作原理

常用的激光测长仪实质上是以激光作光源的迈克尔逊干涉仪，如图 5-5 所示。从激光器发出的激光束，经透镜 L、L_1 和光阑 P_1 组成的准直光管扩束成一束平行光，经分光镜 M 被分成两路，分别被角隅棱镜 M_1 和 M_2 反射回到 M 重叠，被透镜 L_2 聚集到光电计数器 PM 处。

当工作台带动棱镜 M_2 移动时，在光电计数器处由于两路光束聚集产生干涉，形成明暗条纹，通过计数就可以计算出工作台移动的距离 $S=N\lambda/2$（N 为干涉条纹数，λ 为激光波长）。

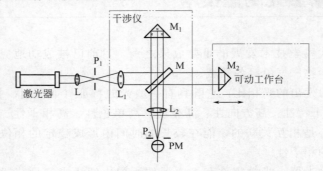

图 5-5　激光干涉测长仪原理

激光干涉测长仪的电路系统原理如图 5-6 所示。

图 5-6　激光干涉测长仪电路系统原理

任务 17　了解三坐标测量技术

三坐标测量机是近些年发展起来的一种高效率的新型精密测量仪器。它广泛地应用于机械制造、电子、汽车和航空航天等工业中。它可以进行零件和部件的尺寸、形状及相互位置的检测，还可用于划线、定中心孔、光刻集成线路等，并可对连续曲面进行扫描等，故有"测量中心"之称。

一、三坐标测量机的结构类型

三坐标测量机有三个方向的标准器（标尺），利用导轨实现沿相应方向的运动，同时三维测头对被测量进行探测和瞄准。此外，测量机还具有数据处理和自动检测等功能，需由相应的电气控制系统与计算机软硬件实现。

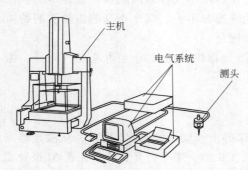

图 5-7　三坐标测量机的组成

1. 三坐标测量机的结构组成

三坐标测量机分为主机、测头、电气系统三大部分，如图 5-7 所示。主机包括框架结构、标尺系统、导轨、驱动装置、平衡部件、转台与附件等，其中标尺系统是测量机的重要组成部分，也是决定仪器精度的关键。三坐标测量机所用的标尺系统有线纹尺、精密丝杠、感应同步器、光栅尺、磁尺及光波波长等。

测头即三维测量的传感器，它可在三个方向上感受瞄准信号和微小位移，以实现瞄准与测微两种功能。测量机的测头主要有接触式测头和非接触式测头两类。

电气控制系统是测量机的电气控制部分，主要包括计算机硬件、测量机软件、打印与绘图装置。测量机软件包括控制软件与数据处理软件，这些软件可进行坐标变换与测头校正，生成探测模式与测量路径，可用于基本集合元素及其相互关系的测量，形状与位置误差的测量，齿轮、螺纹与凸轮的测量，曲线与曲面的测量等。

2. 三坐标测量机的分类

（1）按操作方式分类

① 手动机器　这种机器结构简单，无机动传动机构，全部由操作者控制动作。

② 机动机器　有三套传动系统，由电机、减速器、驱动器、控制器、电源、操作杆等组成。工作时，操作者通过操作杆控制机器的运动方向和速度。

③ 自动机器　即 CNC 控制的机器，全部运动自动实现，它的伺服传动机构同机动机器一样，只是控制方式是通过软件实现。批量测件时，第一件用机动方式操作，编出自学习程序，存储在计算机里，以后再测量时，动作全部自动进行。

（2）按总体布局分类

① 悬臂式　如图 5-8 所示。这种结构的优点是工作台开阔，装卸工件方便，且可放置底面积大于台面的零件；缺点是刚性稍差，精度受影响，设计时应注意补偿变形误差。

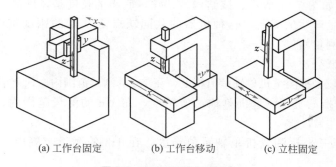

(a) 工作台固定　　　　(b) 工作台移动　　　　(c) 立柱固定

图 5-8　悬臂式三坐标测量机

② 龙门式　如图 5-9 所示。龙门固定式的优点是刚性好，驱动系统和光栅尺可放在工作台中央，阿贝误差和偏摆小，x 和 y 向的运动相互独立，互不影响；缺点是工作台承载能力较小。龙门移动式的优点是装卸工件时，龙门可移到一端，操作方便，承载能力强；缺点是单边驱动扭摆大，光栅偏置阿贝误差大。

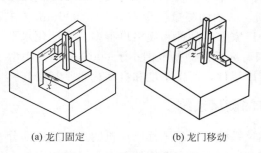

(a) 龙门固定　　　　　　(b) 龙门移动

图 5-9　龙门式三坐标测量机

③ 桥式　如图 5-10 所示。这种结构刚性好，制造精度相对容易达到，适合于大尺寸机器。

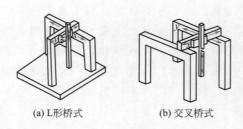

图 5-10 桥式三坐标测量机

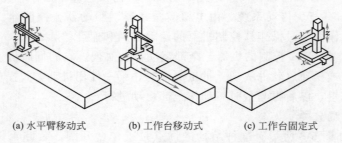

图 5-11 水平臂式三坐标测量机

④ 水平臂式 如图 5-11 所示。该结构较特殊，底座的长度是宽度的 2～3 倍。其目的是适应大型的自动化生产线的需要。这种机器的共同缺点是 y 轴的刚度难以提高，由自重产生弯曲变形，影响测量精度。

（3）按精度高低分类

① 高精度 指三坐标测量机单轴示值精度，在 1m 的测量范围内，误差值在 ±5μm 以下。

② 中等精度 指三坐标测量机单轴示值精度，在 1m 的测量范围内，误差值在 ±（5～15）μm。

③ 低精度 指三坐标测量机单轴示值精度，在 1m 的测量范围内，误差值在 ±15μm 以上。

三坐标测量机的示值误差由测量的正确度和测量精密度组成，测量正确度由几何精度等系统误差所决定，精密度由三坐标测量机的重复性误差所决定。

（4）按尺寸大小分类

按三坐标测量机的测量范围大小可分为大、中、小三种类型。

① 大型三坐标测量机 x 轴的测量范围大于 2000mm 以上的为大型三坐标测量机。

② 中型三坐标测量机 x 轴的测量范围在 600～2000mm 左右的为中型三坐标测量机。这种机器的用途广，生产厂家多，品种和规格也很多，自动化水平高。

③ 小型三坐标测量机 x 轴的测量范围小于 600mm 的为小型三坐标测量机。它主要用于测量小型复杂形状高精度零件，所以精度和自动化水平都较高。

二、三坐标测量机的测量系统

测量系统，也称为标尺系统，是三坐标测量机的重要组成部分。该系统与三坐标测量机的精度、成本、维护保养和寿命等都有密切的关系。目前国内外三坐标测量机中使用的测量系统种类很多，归纳起来大致分三类，即机械式测量系统、光学式测量系统和电学式测量系统。这些测量系统的工作原理和优缺点各异。

1. 机械式测量系统

机械式测量系统按其工作原理和结构可分为三种。

（1）精密丝杠加微分鼓轮测量系统　以精密丝杠为检测元件的机械式测量系统。其读数的方法是把丝杠的转角从微分鼓轮上读出。读数值一般为 0.01mm，若附加游标后，可读到 0.005～0.001mm。测量系统的精度取决于丝杠的精度。

为了读数方便，这种测量系统可以通过机电的转换方式，把微分鼓轮的示值转换成电信号，用数字的方式把坐标值显示出来。

美国莫尔公司（Moore）生产的三坐标测量机就是这种测量系统。

（2）精密齿轮齿条测量系统　是用一对互相啮合的齿轮齿条作为检测元件的测量系统。如图 5-12 所示。在齿轮的同轴上装有一圆形的光电盘（也有装刻度盘的），光电盘上刻有许多刻线。当齿轮在齿条上转动时，读数头里的光电元件就接收到明暗交替变化的光电信号，经放大整形后被送入计数器，用数字的形式把移动的坐标值显示出来。

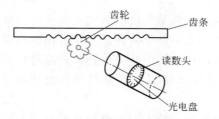

图 5-12　精密齿轮齿条测量系统

该测量系统的精度取决于齿轮副的精度。该测量系统可靠性高、维护简便，但是精度较低。

（3）滚动光栅测量系统　该系统利用了摩擦滚动的原理，以一定的压力使摩擦轮与平面导轨接触，摩擦轮轴的另一端装有圆光栅系统。一般情况下，摩擦轮与光栅安装在移动部件上，部件移动时借助摩擦力使摩擦轮旋转，同时带动光栅转动，圆光栅将机械位移转变为电信号，经放大整形送入数显表，以数字形式显示出坐标位移量。

该测量系统的测量精度与摩擦副中有无打滑及滚轮的尺寸精度有关。该测量系统结构简单、安装方便。缺点是摩擦副打滑或滚轮磨损，都会使测量精度降低。

2. 光学式测量系统

光学式测量系统按工作原理、结构和元件各异来分类，主要有以下几种。

（1）光学刻度尺测量系统　这种测量系统的检测元件是金属标尺或玻璃标尺。在标尺上每隔 1mm 刻一条刻线，测量时通过光学放大把刻线影像投射到视野上，再通过游标副尺读出整数和小数坐标值。视野的结构大部分是光屏式的，也有目镜式的。

这种测量系统的精度主要取决于标尺制作精度。

（2）光电显微镜和刻度尺测量系统　如图 5-13 所示，该测量系统的读数装置由圆光栅盘 10、指示光栅 13、光电元件 9、光源 11 及数字电路组成。圆光栅盘与伺服电机 12 和鼓轮 8 同轴转动。在圆光栅盘上刻有 2500 条线，圆光栅盘每转一周，在光电元件上接收到 2500 条莫尔条纹，转换成电信号，再被电路四倍频细分后转变成脉冲送入数字电路。当工作台 7 带动刻线标尺 6 移动时，伺服电机不停地转动，同时光电元件 9 接收脉冲信号。工作台停止移动后，电机停转。因此，数字电路显示的数值，就是移动的坐标值。这种测量系统的精度高，但结构比较复杂。

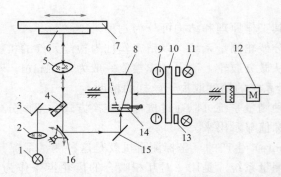

图 5-13　光电显微镜和刻度尺测量系统

1,11—光源；2—光阑；3,15—反射镜；4—棱镜；5—固定分划板；6—刻线标尺；
7—工作台；8—鼓轮；9—光电元件；10—圆光栅盘；12—伺服电机；
13—指示光栅；14—微分鼓；16—可调反射镜

（3）莫尔条纹光栅测量系统　莫尔条纹的形成及光栅的测量原理如前所述。

（4）光学编码器测量系统　是一种绝对测量系统，在原点固定之后，它所显示的数值是绝对坐标值，也就是说编码器的任何一个确定位置，只能与一个固定的编码状态相对应，停电不会造成测量数据丢失，电源一接通，与编码器位置相对应的坐标值又被正确地显示出来。

编码器有直线型和旋转型两种，分别称为码尺和码盘。码尺和码盘是以二进制代码运算为基础，用透光和不透光两种状态代表二进制代码的"1"和"0"两个状态，经光电接收和模数转换，可用于长度和角度的测量与定位。

编码器测量系统的优点是不需要电子细分电路，所以电路抗干扰能力较强，受电子噪声、电源波动等影响较小；缺点是码尺和码盘制作麻烦，价格较贵。

（5）激光干涉仪测量系统　激光广泛地应用于计量技术中。激光干涉仪有单频激光干涉仪和双频激光干涉仪两种。其原理如前所述。

3. 电学式测量系统

（1）感应同步器与旋转变压器测量系统　感应同步器结构简单、制造不复杂、成本低、环境变化影响小、维护方便、工作可靠，但定位精度低，适合于开环系统；旋转变压器与感应同步器类似，是一种角度检测元件。

（2）磁尺测量系统　磁尺是一种录有磁化信号的磁性标尺或磁盘，由磁尺和读数磁头及测量电路三部分组成。可用于大型精密机械，作为位置测量系统。

三、三坐标测量机的测头

三坐标测量机的工作效率和精度与测头密切相关，没有先进的测头，就无法发挥测量机的功能。三坐标测量机的发展促进了新型测头的研制，新型测头的出现又使测量机的应用范围更加广泛。

测头可视为一种传感器，只是其结构、种类、功能较一般传感器复杂得多。其原理与传感器相同。按其结构原理可分为机械式、电气式、光学式三种。由于测量的自动化要求，新型测头主要采用电磁、电触、电感、光电、压电及激光原理。

按测量方法，测头可分为接触式和非接触式两类。接触式测头可分为硬测头与软测头两类。硬测头多为机械测头，测量力会引起测头和被测件的变形，降低瞄准精度。而软测头的测端与被测件接触后，测端可作偏移，传感器输出模拟位移量的信号。因此，它不但可用于瞄准，又可用于测微。

1. 接触式测头

三坐标测量机使用的机械式测头种类很多，包括不同形状的各种触头，可根据被测对象的不同特点进行选用，使用时注意测量力引起的变形对测量精度的影响，在触头与工件接触可靠的情况下，测量力越小越好。一般要求测量力在 $(1～4)×10^{-1}$N 的范围内，最大测量力不应大于 1N。

下面介绍一种触发式软测头。

电触式测头用于瞄准，主要用于"飞越"测量中，即在检测时，测头缓缓前进，当过零点时测头自动发出信号，不需要停止或退回测头。

图 5-14 所示为触发式测头的典型结构之一。其工作原理相当于零位发信开关。当三对由圆柱销组成的接触副均匀接触时，测杆处于零位。当测头与被测件接触时，测头被推向任一方向后，三对圆柱销接触副必然有一对脱开，电路立即断开，随即发出过零信号。当测头与被测件脱离后，外力消失，由于弹簧的作用，测杆回到原始位置。

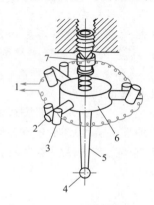

图 5-14　触发式测头

1—信号线；2—销；3—圆柱销；4—红宝石测头；5—测杆；6—块规；7—陀螺

触发式测头的结构与电路都比较简单，测头输出的是阶跃信号，它广泛地应用于各种信号的瞄准装置、自动分选和主动检验中。触点的电蚀和腐蚀影响检验精度，它易受振动而误发信号，其静态测量误差一般不超过 $±1\mu m$。点触测头的测量力较大，一般不能给出连续数，因此使用受到局限。

2. 非接触式测头（激光测头）

激光测头速度快（比一般接触式测头高 10 倍），效率高，对一些软质、脆性、易变形的材料，如橡胶、木塞、石蜡、塑料、胶片，甚至透明覆盖物后面的表面均可测量。没有测量力引起的接触变形的影响，适用于雷达、微波天线、电视显像管、光学镜头、汽轮机叶片及其他翼面成形零件等的测量与检验。测头的测量范围较大，水平方向为 10m，垂直方向为 4m。

图 5-15 所示为激光测头的工作原理。激光光源 1 发射出一束精细的光束，形成光能量较强的光斑（直径为 0.076mm）照射被测工件 2 的表面 A 点上，若 A 点位于透镜的光轴上，探针距被测表面为一固定值 C，通过透镜 3 成像在相对应的 A' 点上。若被测表面位于 B 点（在探针测量范围内），通过透镜 3 成像在 B' 点，通过计算显示出测量结果 BC 比 AC 大，也可用光电元件（CCD）接收，输入计算机进行处理。

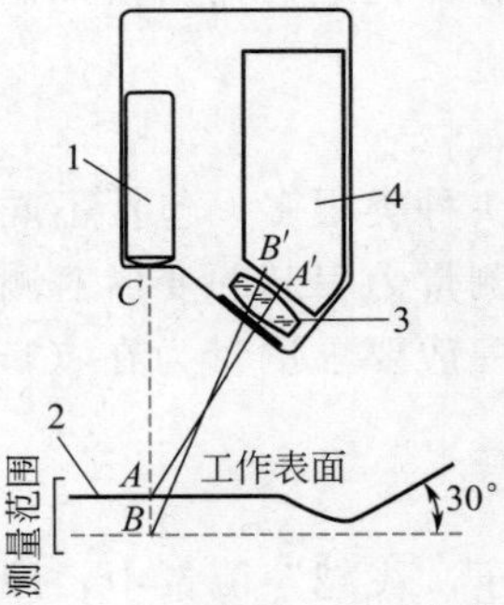

图 5-15　激光测头原理

1—激光光源；2—被测工件；3—透镜；4—数字固体传感器

训练题

1. 莫尔条纹是怎样产生的？它具有哪些特性？

2. 试说明光栅传感器为什么能测量很小的位移，为什么能判别位移的方向。

3. 已知长光栅的栅距为 $20\mu m$，标尺光栅与指示光栅的夹角为 $0.2°$，试计算莫尔条纹宽度以及当标尺光栅移动 $100\mu m$ 时，莫尔条纹移动的距离。

4. 什么是激光传感器？有哪几种类型？

5. 三坐标测量机由哪几部分组成？三坐标测量机按总体布局分为哪几种类型？

6. 三坐标测量机的测量系统有哪几种类型？各有什么优缺点？

7. 三坐标测量机的机械式测头有哪几种类型？各自的应用场合如何？

项目六
典型零件检测与质量控制

任务 18　零件检测与质量控制企业体验

素质目标

① 培养学生爱岗敬业的职业道德。

② 培养学生精益求精的大国工匠精神。

③ 激发学生科技报国的家国情怀和使命担当。

知识目标

① 了解操作工、检验员等相关岗位的质量职责、工作内容。

② 了解生产实际中常用的检测工具和方法。

③ 了解质量管理基本概念。

④ 了解生产中常见的质量控制图表、工艺文件和基本方法。

⑤ 质量数据的简单统计计算方法。

能力目标

① 能设计调研方案和表格，通过实地调查收集资料和数据。

② 能进行个别访谈，有效获取所需的信息。

③ 能进行质量数据的简单统计。

任务描述

　　由教师带队深入生产车间，进行现场调研和访谈，体验相关岗位质量职责和工作要求；了解生产实际中常用的检测工具和方法，获得产品检测和质量控制的感性认识，明了本课程学习的意义和目标。

　　具体要求如下。

　　① 事先明确调研目标，设计调研方案，制定调查表。

　　② 记录操作岗位和检验岗位所用到的检测工具和不同零件特征所采用的检测方法。

　　③ 收集工厂质量控制文件、图表等原始材料。

　　④ 现场学习过程检验卡、首巡检记录表等文件的填写，质量数据的简单统计方法；提交调研报告，交流心得体会。

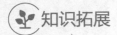

任务实施

① 制定调研计划：了解企业情况，明确调研任务，分组确定调研方案，明确调研对象，学习调研方法，准备调研需要的资料和工具。

② 编制调查表：自己设计调查表。

③ 现场检验、调研：实施调研方案，搜集相关资料，开展访谈，记录检测工具、质量控制工艺文件等，现场学习质量统计方法的应用。

④ 总结评价：制作 PPT，提交调研报告，展示现场搜集资料，交流对相关岗位质量职责的认识，对产品检测与质量控制的总体感受。

知识拓展

一、质量管理的基本概念

1. 质量与质量管理

（1）质量　2000 版 ISO9000 系列国际标准对质量的定义：质量（Quality）是一组固有特性满足要求的程度。"要求"是指"明示的、通常隐含的或必须履行的需求和期望"。

在这个定义中，产品质量就是指产品满足要求的程度，即满足顾客要求和法律法规要求的程度。其中，顾客要求是产品存在的前提。

产品的固有特性包括以下几方面。

① 适用性　产品适合使用的特性，包括使用性能、辅助性能和适应性。如一块手表走时是否准确属于使用性能，是否带夜光则属于辅助性能，是否防水则是适应性范畴。

② 可信性　包括可靠性和可维修性。可靠性是产品在规定的时间内和规定的使用条件下完成规定功能的能力；可维修性是产品出现故障时维修的便利程度。

③ 经济性　产品在使用过程中所需投入费用的大小。

④ 美观性　指产品的审美特性与目标顾客期望的符合程度。

⑤ 安全性　在存放和使用过程中对使用者的财产和人身不会构成损害的特性。

概念延伸：工作质量，一般指与质量有关的各项工作，对产品质量、服务质量的保障程度；工程质量，指服务于特定目标的各项工作质量的综合质量。

工程质量是产品质量的保证，产品质量是工程质量的体现。质量管理就是对工程质量进行管理。

（2）质量管理（Quality Management）　是指导和控制组织的与质量有关的相互协调的活动。"活动"通常包括质量方针和质量目标的建立、质量策划、质量控制、质量保证和质量改进。质量管理是以质量管理体系为载体，通过建立质量方针和质量目标，并为实现规定的质量目标进行质量策划，实施质量控制和质量保证，开展质量改进等活动实现的。

质量策划：即设定质量目标并规定必需的运行过程和相关资源以实现其目标的活动。

质量控制：即"致力于满足质量要求"的活动。它是通过一系列的作业技术和活动对质量形成的整个过程实施控制的，其目的是使产品、过程或体系的固有属性达到规定的要求。它是预防不合格发生的重要手段和措施，贯穿于产品形成和体系运行的全过程。

质量保证：即对达到质量要求提供信任的活动。它具有两方面的含义：一是企业在产品质量方面对用户所做的一种担保，即"保证书"；二是企业为了提供信任所开展的一系列质量保证活动（对内为有效的质量控制活动，对外是提供质量管理工作有效实施的依据）。

质量控制与质量保证有一定的关联性，有效实施质量控制是质量保证的基础。

质量改进：即致力于增强满足质量要求能力的活动。它是通过产品实现和质量体系运行的各个过程的改进来实施的，涉及组织的各个方面。

质量管理与质量控制的关系如图 6-1 所示。

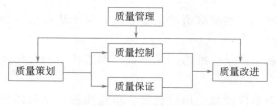

图 6-1　质量管理与质量控制的关系

2. 质量检验

（1）质量检验的概念　质量检验就是借助于某种手段或方法，测定产品的质量特性，然后把测定的结果同规定的质量标准比较，从而对该产品作出合格或不合格的判断；在不合格的情况下还要作出适用或不适用的判断。前者称为合格性判断，可由检验员或操作者执行，后者称为适用性判断，一般由主管部门或领导执行。

（2）质量检验的工作过程　明确质量要求—测试—比较—判定—处理（如接收、拒收、筛选、打标记、隔离、记录并反馈等）。

（3）质量检验工作的职能　鉴别的职能、把关的职能、预防的职能（发现问题）、报告的职能。

（4）三检制　操作者的"自检""互检"和专职检验员的"专检"相结合的制度。

（5）三自检制　操作者的"自检、自分、自作标记"的检验制度。

（6）检验员的"三员"　产品质量的检验员、"质量第一"的宣传员和生产技术的辅导员。

（7）检验员的"三满意"　为生产服务的态度让工人满意，检验过的产品让下工序满意，出厂的产品质量让用户满意。

二、质量特性数据及统计计算

1. 质量特性

质量特性是指产品、过程或体系与要求有关的固有特性。它是以顾客和其他受益者的要求为出发点，并以各种数据指标，即质量指标或质量特性值表现出来。

2. 质量数据

广义的质量数据可分为数字数据和非数字数据（表 6-1）。

表 6-1　广义质量数据

项目	数字数据(统计型)	非数字数据(情理型)
特点	定量描述	定性描述
收集方法	取样、测试、计算、记录	调查、研究
处理方式	对数据进行统计计算，取得反映客观规律的质量特征值	对语言资料进行分类、归纳、整理，得到有条理的思路
功能	实施统计推断及统计控制	作为决策依据
分析方法	控制图、散布图、直方图、试验设计、方差分析、回归分析等	因果图、分层图、流程图、树图、水平对比法、头脑风暴法等

狭义质量数据通常是指对产品进行某种质量特性的检查、试验、化验等所得到的量化结果。根据质量数据的特点，可以将其分为计量值数据和计数值数据两种。

计量值数据是指可以连续取值的数据。它通常由测量得到，如重量、强度、几何尺寸、标高、位移等。

计数值数据是指只能用自然数取值的质量数据，属于离散型变量。计数值数据又可分为计件值数据和计点值数据。

计件值数据指具有某一质量标准的产品个数。如总体中的合格品数、不合格品数、一级品数等。

计点值数据指个体（单件产品、单位长度、单位面积、单位体积等）上的缺陷数、质量问题点数等。如检验钢结构件涂料涂装质量时，构件表面的焊渣、焊疤、油污、毛刺等的数量。

3. 质量数据的获取

（1）全数检验　对待检总体中的全部个体逐一观察、测量、计数、登记，从而获得对总体质量水平评价结论的方法。在有限的总体中，对重要检测项目，当可采用简易、快速且非破坏性检验方法时，可选用全数检验方案。

（2）随机抽样检验　是按照数理统计原理预先设计的抽样方案，从待检总体中抽取部分个体组成样本，根据对样本中样品检测的结果，推断总体质量水平的一种检验方法。可用于总体量大，或破坏性检验和生产过程的质量监控，完成全数检测无法进行的检测项目。

抽样的分类如下。

简单随机抽样，又称纯随机抽样或完全随机抽样。它是对总体不进行任何加工，直接进行随机抽样获取样本的一种抽样方法。所选个体即为样品。

分层抽样，又称分类抽样或分组抽样。它是将总体按与研究目的有关的某一特性分为若干组，然后在每组内随机抽取样品组成样本的方法。特别适合于总体比较复杂的情况。

等距抽样，又称机械抽样、系统抽样。它是将个体按某一特性排队编号后分为 n 组，这时每组有 k 个个体，然后在第一组内随机抽取第一个样品，以后每隔一定距离（k 个）抽选一个样品组成样品的方法。注意距离值不要与总体质量特性值的变动周期一致，以免产生系统误差。

（3）搜集数据的注意事项

① 搜集数据的目的要明确。目的不同，搜集的过程和方法也不同。

② 正确判断来源于反映客观事实的数据。

③ 搜集到的原始数据应按一定的标志进行分组归类。

④ 记下搜集到数据的条件，如抽样方式、时间、检测仪器、工艺条件以及测定人员等。

4. 质量数据的处理

对样本所获得的质量数据进行一定的计算处理，可获得这组数据的一些特征值，以便下一步对所得数据的分析和判断总体的质量状况。常用的有描述数据分布集中趋势的算术平均数、中位数，描述数据分布离散趋势的极差、标准偏差和离散系数等。

（1）算术平均数（平均值）　它是各质量数据的总和除以数据总频数（个数）所得的商，代表了数据的分布中心。

① 总体算术平均值 μ

$$\mu = \frac{1}{N}(X_1 + X_2 + \cdots + X_N) = \frac{1}{N}\sum_{i=1}^{N} X_i$$

② 样本算术平均值 $\overline{X}$

$$\overline{X} = \frac{1}{n}(X_1 + X_2 + \cdots + X_n) = \frac{1}{n}\sum_{i=1}^{n}X_i$$

（2）样本中位数 M_e　将全部数据按大小顺序排列，排在正中间的那个数就称为中位数。当质量数据为偶数时，取中间位置的 2 个数的平均值。

算术平均值对数据的代表性比中位数要好。

（3）极差 R　它是数据中的最大值与最小值之差，能粗略地描述数据的离散状况，但对极端数据反应敏感，在误差监测与控制中有重要作用。其计算公式为

$$R = X_{max} - X_{min}$$

（4）标准偏差与方差

① 整体的标准偏差 σ

$$\sigma = \sqrt{\frac{1}{N-1}\sum_{i=1}^{N}(X_i - \mu)^2}$$

② 样本的标准偏差 S

$$S = \sqrt{\frac{1}{n-1}\sum_{i=1}^{n}(X_i - \overline{X})^2}$$

标准偏差的平方即为方差。标准偏差和方差是度量产品质量变异性（稳定性、均匀性、一致性、分散性）的最佳指标（绝对量）。标准偏差越小，说明数据分布的离散程度越小，集中度越高。

（5）离散系数 CV　离散系数又称变异系数，它表示离散趋势的相对值，即标准偏差除以算术平均值，常用于均值有较大差异的总体之间或不同产品之间离散程度的比较，反映产品质量稳定（均匀、精密）的差异程度。其计算公式为

$$CV = \frac{\sigma}{\mu} \quad 或 \quad CV = \frac{S}{X}$$

离散系数越小，表明数据分布集中程度越高，离散程度越小，均值对总体（或样本）的代表性越好。

三、操作者与检验员的质量职责

1. 操作工人质量的职责

① 学习了解全面质量管理的基本知识，掌握本岗位常用的统计方法和图表，自觉贯彻、执行质量责任制和质量管理点的管理制度。

② 清楚地掌握本工序质量管理点的质量要求和检测方法。

③ 严格按照作业指导书（或工艺卡）、自检表等技术文件的规定进行操作和检验，以优良的工作质量保证产品的制造质量。

④ 了解工序质量表中指出的影响质量五大因素中的主导因素，并按规定进行控制。

⑤ 按规定填好数据记录表和正确运用统计方法，务求数据正确、真实，图表清楚、整洁。

⑥ 加工中发现异常，应立即分析原因，采取纠正措施。如遇困难，应立即向班组长、技术员和上级领导报告。

2. 检验员在质量管理点中的职责

① 学习了解全面质量管理的基本知识，掌握质量管理点的设置及有关要求。

② 把设置为质量管理点的工作作为检验重点，检查、帮助操作者执行质量管理点的有关技术文件，密切合作，消除违章作业，并做好记录。

③ 在巡回检验时，应检查质量管理点的质量特性及影响质量特性的主导因素，发现问题时，应协助操作者及时分析原因，帮助解决。

④ 要熟悉掌握本人负责范围内的工序质量管理点的质量要求及检测、试验方法等，并按"检验指导书"进行检验。

⑤ 熟悉质量管理点所用的图表、方法及其作用，并通过抽检来核对操作者的记录和打点是否正确。

⑥ 做好操作者自检的记录，并计算其自检率和自检准确率，按月公布和上报。

任务 19　传动轴检测与主要缺陷分析

素质目标

① 培养学生踏实严谨的治学态度。

② 培养学生主动解决问题的意识。

③ 培养学生精益求精的大国工匠精神。

④ 激发学生科技报国的家国情怀和使命担当。

知识目标

① 掌握游标卡尺、千分尺、百分表的工作原理、作用和使用方法。

② 掌握外径、长度及跳动的检测方法。

③ 掌握调查表和排列图的制作方法和作用。

能力目标

① 能合理选择量具。

② 会使用游标卡尺、千分尺、百分表进行检测。

③ 会选择质量分析方法，并对检测数据进行统计分析。

④ 能根据分析结果，制定质量改进措施或提出改进目标。

任务描述

分析传动轴零件图（图 6-2）技术要求，针对如下检验项目确定检测方案，选择量具，编制检验计划。

① 长度尺寸：65 ± 0.37、25 ± 0.26。

② 外径：$\phi26k7(^{+0.023}_{+0.002})$、$\phi34r7(^{+0.059}_{+0.034})$。

③ $\phi34r7$ 外圆柱面的跳动、$\phi26k7$ 表面的同轴度。

④ $\phi34r7$、$\phi26k7$、键槽等的表面粗糙度。

根据检验计划实施检测，记录检测数据，并判断零件是否合格；对不合格项进行统计，绘制排列图；分析、寻找主要质量问题，并提出质量改进意见。

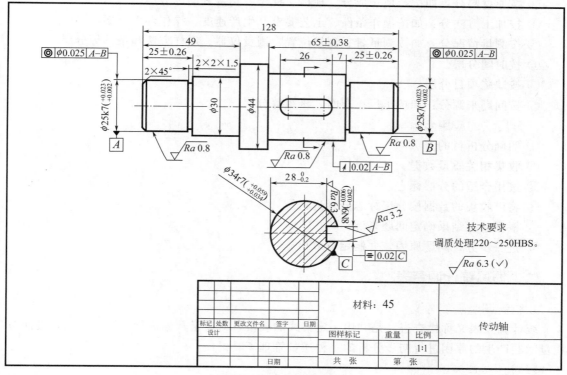

图 6-2　传动轴零件图

任务实施

① 制定检验计划：分析图纸，分组确定检测方案，选择量具，编制检验计划表。

② 编制质量表格：编制检验记录表、不合格项目统计表。

③ 项目检验：根据检验计划实施检测，记录检测数据，并判断零件是否合格。

④ 质量分析及改进措施：对不合格项进行统计，绘制排列图，分析、寻找主要质量问题，并提出质量控制建议。

知识拓展

一、分层法

1. 分层法的含义

分层法也称分类法或分组法，它是把收集到的质量数据按照不同的目的进行分类整理，目的是使数据反映的质量特征明显地表现出来，以便于找出问题的原因，及时采取有效措施。分层法是分析影响质量因素的一种最基本的方法，它也是其他管理方法应用的基础。

2. 分层方法

分层的基本要求是，原则上应使同一层内的数据波动尽可能小，而不同层之间的差别尽可能大。因此，分层方法主要是选择合适的分层标志。

① 按操作人员分：如按不同性别、年龄、技术水平分层。

② 按设备分：如按设备的不同型号、新旧程度、不同生产线、不同工装夹具等分层。

③ 按原材料分：如按产地、成分、规格、批号、到货日期等分层。

④ 按加工方法分：如按操作条件、工艺要求、生产速度、操作环境分层。

⑤ 按测量情况分：如按测量者、测量位置、测量仪器、取样方法和条件等分层。

⑥ 按时间分层。

⑦ 按缺陷项目分层。

⑧ 按问题来源分：如按工厂、车间、班组等分层。

3. 分层法的应用步骤

① 明确分析目的。

② 收集相关质量数据。

③ 选用合适的分层标志。

④ 将已收集的数据按分层标志分别进行统计整理。

⑤ 根据整理结果确定问题来源。

⑥ 进一步分析问题原因，并制定有效措施。

二、质量统计调查表

1. 统计调查表的含义

统计调查表又称检查表，是利用一定格式的表格，对质量数据进行登记、整理，进而对质量问题产生的原因进行初步分析的一种质量管理工具。

2. 统计调查表的设计

统计调查表的设计遵循目的性、简洁实用性和美观大方性等基本原则。统计调查表的设计步骤如下。

① 明确统计调查目的。

② 选定统计调查对象。

③ 设计选择统计调查项目。

④ 草拟统计调查初表。

⑤ 将调查初表进行试用和完善。

⑥ 修改完善并形成最终使用表。

3. 填制统计调查表时的注意事项

① 书写工整、规范。

② 当表中上下左右出现相同数据时，应如实填写数据，不能用"同上"、"同左"等字样代替。

③ 当某项数据为"0"时，应直接填上。对不应有数据的栏目，则应画"—"表示。对缺乏数据的栏目，应画上"……"表示。

④ 对于某些需要特别说明的项目，应在表下或表右加设"备注"栏，或直接在表下方加注说明。

⑤ 统计调查表的填制、审核均应有专人负责，由相关负责人在表的下方相应栏目处签字以示负责和权威。

4. 统计调查表的应用

统计调查表可应用于质量管理的各个方面和各个环节，如产品质量登记、不合格项目的分类统计、不合格项目存在位置统计、不良因素调查统计等（表6-2～表6-4）。

表 6-2　××产品性能状况登记表

时间	特性 1	特性 2	特性 3	特性 4	特性 5	记录人

表 6-3　××产品×月份不合格项目统计表

项　目　名　称	数　　量	比　　重
项目 1		
项目 2		
项目 3		
项目 4		
合　计		

填报人：　　　　　　　　　审核人：

表 6-4　×月份××产品缺陷原因统计表

序号	缺陷原因	产品数量	比重	备注

填报人：　　　　　　　　　审核人：

三、排列图

1. 排列图的含义

排列图又称帕累托图或主次原因分析图，是为定量寻找主要质量问题或影响质量的主要原因所使用的图。

排列图法是根据"关键的少数，次要的多数"的原理来寻找主要问题的，就是将影响产品质量的众多因素按其对质量影响程度的大小，用直方图形顺序排列，它适用于计数值统计。

2. 排列图的作用

① 作为降低不合格品率的依据。

② 用于发现现场的重要质量问题点。

③ 决定改善的目标。

④ 确认改善效果。

⑤ 用于更直观反映报表或记录的数据状况。

⑥ 可进行不同条件的评价。

3. 排列图的绘制步骤

（1）搜集数据　搜集一定时期的质量问题数据，并按一定的方法进行分类，统计各类项目的频次。

（2）制作质量项目统计表 将各类质量项目及出现的频数从大到小填入质量项目统计表（表 6-5），并计算累积数和累积百分比。

表 6-5 ×××统计表

序 号	项 目	频 数	累积数	累积百分比/%
1				
2				
3				
4				

（3）绘制排列图

① 画坐标：先画左纵坐标，再画横坐标，在横坐标上按项目个数划分刻度个数，并在横坐标最右刻度处画右纵坐标。

② 填写项目：在横坐标上按频数大小顺序从左到右填写项目名称。

③ 定左纵坐标刻度：这是个频数坐标（件数、次数、重量、金额等），取一合适高度定出总频数，再均匀地标出一定的整数点刻度值。

④ 定右纵坐标刻度：以总频数等高处定为 100%，再均匀地标出其他整 10 的百分数刻度。

⑤ 画直方块：按项目的频数画出直方块。

⑥ 画帕累托曲线：以各直方块右侧边线或其延长线为纵线，以累积百分数值为纵坐标依次描点，并在各点的右下方标记其累积百分数，把各点从原点用折线依次连接起来，即为帕累托曲线。

⑦ 划分类区：累积百分数在 0～80% 的区域为 A 区，80%～90% 的区域为 B 区，90%～100% 的区域为 C 区。

⑧ 必要的说明：在图的下方填写排列图的名称、搜集数据的时间、绘图者、分析结论等事项。

电动机不良品排列图如图 6-3 所示。

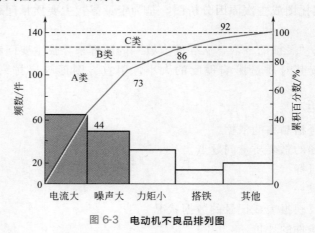

图 6-3　电动机不良品排列图

4. 排列图的分析

从排列图上要找出关键问题或影响质量的关键因素，通常 A 区的项目占总频数的 80%，因此是主要问题；B 区的项目占总频数的 10% 左右，是次要问题；C 区也只占 10% 左右，且项目较多，属一般问题。

在实际应用中，主要问题的划分并不是绝对的，一般主要问题不能太多，1～2个为宜，因此它们的比例只要在 60%～80% 左右都是合理的。总之，应根据实际情况灵活运用。

5. 作排列图的注意事项

① A类项目以 1～2 个为宜，总项目多时也不能超过 3 个。

② 当项目较多时，可以把频数少的项目合并成"其他"。

③ 如画出的排列图各项频数相差很小，主次问题不突出时，应考虑从不同的角度分析更改分类项目，然后重新画图。

④ 主要问题还可考虑进一步分层作排列图。在采取措施后，还要作一次排列图，以观效果。

⑤ 注意检查图形是否完整。

任务 20　法兰盘检测与质量因素影响分析

素质目标

① 培养学生踏实严谨的治学态度。

② 培养学生主动解决问题的意识。

③ 培养学生精益求精的大国工匠精神。

④ 激发学生科技报国的家国情怀和使命担当。

知识目标

① 掌握内径百分表、内径千分尺、圆度仪等的工作原理、作用和使用方法。

② 掌握内径、垂直度、圆度、平行度等误差的检测方法。

③ 掌握因果图、散布图等质量分析图表的作用和分析方法。

能力目标

① 能根据检测要素合理选择检测方法及量具。

② 能正确使用测量工具实施相关检测。

③ 能运用因果图、散布图对具体质量问题的影响因素进行分析，寻找出主要影响因素。

任务描述

分析法兰盘零件图（图 6-4）技术要求，针对如下检验项目确定检测方案，选择量具，编制检验计划。

① 内径：$\phi36H7(^{+0.025}_{0})$、$\phi46H8(^{+0.039}_{0})$。

② 孔深：$\phi46H8(^{+0.039}_{0})$。

③ 孔 $\phi46H8(^{+0.039}_{0})$ 的圆度误差、$\phi36H7(^{+0.025}_{0})$ 圆柱度误差。

④ 两断面的平行度误差。

根据检验计划实施检测，记录检测数据，并判断零件是否合格；对不合格项进行统计，

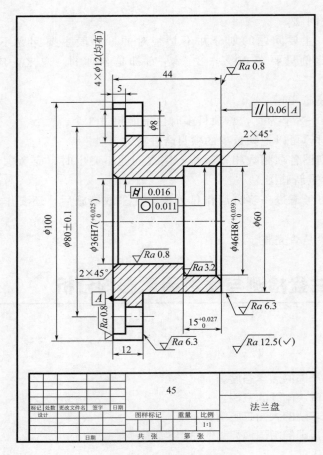

图 6-4　法兰盘零件图

绘制因果图、散布图；分析、寻找主要质量问题，并提出质量改进意见。

 任务实施

① 制定检验计划：分析图纸，分组确定检测方案，选择量具，编制检验计划表。

② 编制质量表格：编制检验记录表、不合格项目统计表。

③ 项目检验：根据检验计划实施检测，记录检测数据，并判断零件是否合格。

④ 质量影响因素分析及改进措施：对不合格项进行统计，找出主要质量问题，并进行影响因素分析，找出主要原因，提出改进意见。

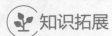 知识拓展

质量影响因素分析

1. 因果图的含义

因果图又称鱼刺图、树枝图、特性要因图、石川图。它是一种表示质量特性与其影响因素关系的图。

对于已经发生和发现的重要质量问题或关键质量问题，需要进一步查找原因，然后，对于确定的质量问题，召集有关人员对该问题产生的原因各抒己见，集思广益，并把大家的分

析意见按一定的相互关系绘制在一张特制的因果分析图上，最后找出和确定影响该质量问题的主要因素。

2. 因果图的绘制

（1）因果图的基本样式

因果图的基本样式如图 6-5 所示。

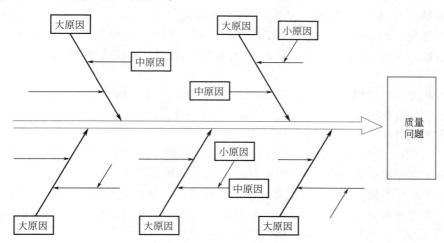

图 6-5　因果图的基本样式

（2）因果图的绘制步骤

① 明确待分析的质量问题或质量特性。

② 绘制主箭线，在箭头前标注出待分析的质量问题。

③ 确定影响质量问题的大因素，用大箭线分别布置在主箭线的两侧，箭头指向主箭线。

④ 分析讨论各大因素包含的中因素及小因素，分别以中枝、小枝的形式绘制在大因素的两侧。其中，中因素箭线指向大枝，小因素箭线指向相应的中枝。

⑤ 讨论确定影响质量问题的主要原因，并在图上加以特殊标记。

⑥ 在图下方或其他某一合适位置记下必要的有关事项，如绘制日期、制图人、单位、参加讨论的人员等。

（3）绘制因果图的注意事项

① 确定大因素时，通常可以按 4M1E 的结构来进行分析。

② 分析中因素、小因素时，应运用头脑风暴法，集合全员的知识与经验，集思广益，以免疏漏。

③ 分析原因时应深入细致，深入的程度应以能明确制定出采取的解决措施为宜。

④ 在讨论影响质量的主要原因时，应以客观数据或事实为依据来评价每个因素的重要性。

⑤ 为使因果图形更加美观，箭线之间的倾斜角度约为 60°。

⑥ 因果图能够找出主要因素，但最终目的是要有效解决质量问题。因此，接下来的工作重点应放在解决质量问题的对策研究上，在研究对策时，可依据 5W2H 的思路逐项研究制定。

什么是 4M1E?

4M1E 就是 Men（人）、Machine（机器）、Materials（材料）、Method（方法）、Environment（环境）的简称，又称人、机、料、法、环。对生产质量活动的影响因素通常可以从这五个方面着手分析。其中，人的因素主要有思想觉悟、身体素质、数量、技术水平等；

机器因素主要有设备的完好性、数量、维修及时性等；材料因素主要有质量、数量；方法因素主要有操作方法、检测方法、程序、工艺的合理性等，有时也把检测单独立为一项大因素；环境因素主要有现场环境、天气环境、管理环境等。

在具体因果分析时，以上五大因素不一定同时全部存在，需要具体情况具体分析。

什么是头脑风暴法？

头脑风暴法又称畅谈会法，它是一种邀请有关专家、内行，针对某一问题或议题，让大家各抒己见，畅所欲言，通过相互启发，集思广益，充分发挥个人和群体的知识、经验和创造性，从而达到全面深入寻找出问题原因的方法。它是一种科学、有效的决策分析方法。

头脑风暴法的应用规则是：放开思路，自由表达；不允许相互批评或质疑；倡导多角度分析，使分析更全面；鼓励相互启发、联想、综合与完善。

什么是 5W2H？

"5W"是 Why、What、Where、When、Who 的简称。其中，Why 是指要明确行动的目的，即为什么要做；What 是指要明确行动的对象，即做什么；Where 是指要明确做的地点或场所，即在哪里做；When 是指要明确做的时间，即什么时候做；Who 是指要明确实施行动的人，即由谁来做。"2H"是 How 和 How much 的简称。其中，How 是指要明确做的方法手段，How much 是指要明确行动费用预算。

3. 案例分析

某建筑公司对施工进度太慢的问题组织有关人员进行分析讨论，讨论过程采用头脑风暴法，在人、机、料、法、环五个大方面各抒己见，发表意见。汇总大家的意见后绘制的因果分析图如图 6-6 所示。

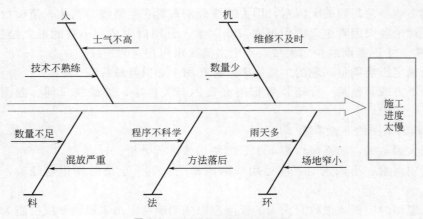

图 6-6   施工进度太慢因果分析图

大家对因果图中的各种影响因素进行进一步的分析讨论，一致认为士气不高、设备维修不及时、材料混放严重等是影响施工进度太慢的主要因素。公司针对这三个方面的问题，制定了相应的整改措施，措施实施后，效果明显。

4. 人、机、料、法、环的影响因素及控制措施

（1）人员造成操作误差的主要原因   质量意识差；操作时粗心大意；不遵守操作规程；操作技能低和技术不熟练等。

防误和控制措施如下。

① 加强"质量第一、用户第一、下工序是用户"的质量意识教育，提高责任心和一丝

不苟的工作作风，并建立质量责任制。

② 进行岗位技术练兵，加强工序专业培训，严格遵守操作规程。

③ 加强自检和首件检验。

④ 改进工艺方法，减少对操作人员的注意力的依赖程度。

⑤ 加强专检，适当增加流动检验的频次。

⑥ 广泛开展 QC 小组活动，促进自我提高和自我改进能力。

（2）机器设备造成误差的主要原因　设备精度保持性、稳定性和性能可靠性；配合件、传动副的间隙；定位装置、定量装置的准确性和可靠性等。

机器设备本身所具有的实际加工能力通常用机器能力来表示，即当人、材、法和环境等因素在恒定的条件下，机器设备对产品质量的影响。机器能力引起的质量波动的标准偏差 S_m 约占工序质量标准偏差 S 的 75%。

消除设备异常因素的措施如下。

① 加强设备维护和保养，定期检测机器设备的关键精度和性能项目，并建立设备关键部位日点检制度，对工序质量管理点的设备进行重点管理。

② 采用首件检验，核实定位和定量装置的调整量。

③ 尽可能配置定位数据的自动显示和自动记录装置，以减少对工人调整工作可靠性的依赖。

（3）原材料的主要影响因素　化学成分和物理性能，配套件、元器件和零部件的外观或内在质量等。

主要控制措施：在合同中明确规定质量要求；加强原材料的进厂检验和厂内自制零部件的工序和产品检验；合理选择供应厂；搞好协作厂间的协作关系；并督促、帮助供应厂的质量控制和质量保证工作。

（4）方法的主要影响因素　制定的工艺方法、选择的工艺参数和工艺装备等的正确性和合理性以及贯彻、执行工艺方法的严肃性。工装模具的设计和制作；成形刀具的制造和刃磨等。

工艺方法的防误和控制措施如下。

① 保证定位装置的准确性，严格首件检验，并保证定位中心准确，防止加工特性值数据分布中心偏离公差中心。

② 加强技术业务培训，使操作人员熟悉定位装置的安装和调整方法，尽可能配置显示定位数据的装置。

③ 加强定型刀具或刃具的刃磨和管理，实行强制更换制度。

④ 积极推行控制图管理，以便及时更新或调整。

⑤ 严肃工艺纪律，对贯彻执行操作规程进行检查和监督。

⑥ 加强工具工装和计量器具管理，切实做好工装模具和计量器具的周期鉴定工作。

（5）环境的主要影响因素　生产现场的温度、湿度、噪声干扰、振动、照明、室内净化和现场污染程度。

整改措施：对温度、湿度进行调控；减振降噪；做好现场的整理、整顿和清扫工作，大力搞好文明生产。

（6）加工过程的影响因素及控制措施

① 过程影响因素　在机床、工件、夹具和刀具组成的一个完整加工工艺系统中，加工精度涉及整个工艺系统的精度。工艺系统的各种误差在加工过程中会有不同的情况，以不同的形式反映为加工误差，这些误差称为原始误差（图 6-7）。

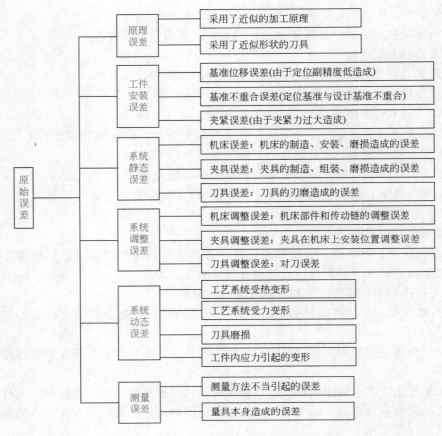

图 6-7　原始误差

在机械加工过程中，要控制加工质量，必须了解和分析加工质量不能满足要求的各种影响因素，并采取有效的工艺措施进行克服，从而保证加工质量。

② 过程质量控制措施　机械加工质量的控制就是对加工精度和表面质量的控制。下面就尺寸精度、形状精度、位置精度、表面粗糙度控制以及常见的积屑瘤、鳞刺、表面硬化和应力状态等质量指标的影响因素的控制措施进行列表分析。

a.尺寸精度控制　以车削加工为例，尺寸精度的质量问题分析与控制措施参见表 6-6。

表 6-6　尺寸精度控制措施

项　目		质量不合格原因	解决措施
径向尺寸精度	1	看错图样、刻度盘使用不当、进刀量不准确等	看清图纸要求、正确使用刻度盘，消除中拖板丝杆间隙，在接近图纸尺寸时，采用公差带宽度切深法进刀（即每次进刀量为直径公差带宽度）等
	2	没有进行试切	正确计算背吃刀量，进行反复试切
	3	量具有误差或测量不正确	检查或调整量具，掌握正确的测量方法
	4	由于切削温度过高，使工件尺寸发生变化	减少切削热的产生，降低切削区温度，使用冷却效果好的切削液，掌握温度与尺寸变化规律
	5	径向切削力过大，使刀架产生位移	加大车刀主偏角，减小刀尖圆弧半径，尽量使用零度刃倾角的车刀，减小背吃刀量，减小中拖板燕尾槽间隙，及时换刀，磨削时及时修整砂轮

项	目	质量不合格原因	解决措施
径向尺寸精度	6	因积屑瘤产生过切量	抑制积屑瘤产生：避免中速切削、加强润滑、使用较大前角的车刀、降低刀具前刀面表面粗糙度等
	7	由于切屑缠绕产生让刀	注意断屑和排屑
	8	钻孔时钻头主切削刃刃磨不对称造成孔径偏大	修磨钻头
	9	铰孔进铰刀尺寸偏大、尾座偏移	检测铰刀尺寸，研磨铰刀后进行试切，调整尾座，采用浮动套筒连接铰刀等
轴向尺寸精度	1	刀具磨损严重	减少刀具磨损，及时换刀，调整切削用量等
	2	机床纵向移动刻度精度低、刻度盘间隙大	刻度盘数字只作参考，采用试切或改用死挡铁确定刀架的轴向位置
	3	车床小刀架拖板松动，使车刀位移	减小小刀架拖板燕尾槽间隙
	4	死挡铁接触处有异物	清除死挡铁处异物，并使之保持清洁
	5	轴类零件台阶处不平整或不垂直	车削时车刀主切削刃应平直，安装要正确，台阶较大时应进行横向进给，退刀不应太快等
	6	测量不便或测量方法不正确	改进测量方法，选用适合的测量工具

b. 形状精度和位置精度控制　形状精度、位置精度的质量问题分析与控制措施参见表6-7 和表 6-8。

表 6-7　形状精度控制措施

项	目	质量不合格原因	解决措施
圆度	1	机床主轴间隙过大	加工前检查主轴间隙并予以调整，根据机床使用年限确定是否更换主轴轴承等
	2	毛坯余量不均匀产生的复映误差	粗精加工分开，控制好精加工时的加工余量
	3	中心孔质量不高或接触不良、顶尖孔圆度超差、顶尖工作表面质量差	使顶尖松紧得当，检查顶尖工作表面质量，进行重磨、重车或更换，重打或研磨中心孔，提高中心孔质量，精度要求较高时尽量使用死顶尖
	4	薄壁工件装夹时产生变形	夹紧力大小应适当，避免工件径向受力，增大夹紧元件工作面与工件接触面积，精加工时适当松开夹紧机构
	5	镗床夹具的镗套圆度超差、镗套与镗杆配合间隙过大	提高夹具精度，及时更换镗套
	6	无心磨削时前道工序形状精度超差	提高上道工序形状精度，多次走刀使误差减小
圆柱度	1	用两顶尖或一顶一夹装夹工件时，由于后顶尖轴线不在主轴轴线上	提高上道工序形状精度，多次走刀使误差减小，车床移动尾座、磨床转动工作台用试切法找正锥度，合格后锁定尾座和工作台，在加工同批工件时，机床尾座不宜移动
	2	用车床小刀架滑板加工外圆时产生锥度	严格使车床小刀架滑板"对零"并进行试切
	3	用卡盘装夹工件时产生锥度	调整主轴箱，使主轴箱轴线与床身导轨平行，或修磨严重磨损的床身
	4	装夹工件悬臂过长，在径向切削分力作用下工件前端偏离主轴线	尽量缩短工件伸出长度，$L = (1 \sim 1.5)d$（d 为工件直径），或使用后顶尖以增加工艺系统刚性
	5	由于切削路程较长，车刀或砂轮逐渐磨损	选用较硬的刀具材料，减小切削速度，增大进给量，选用润滑效果较好的切削液

续表

项目		质量不合格原因	解决措施
直线度	1	细长圆柱体工件受切削力、自重和旋转时离心力的作用产生弯曲和鼓形	降低工件转速,减少背吃刀量,使用较大主偏角的车刀,减小刀尖圆弧半径,不使用负刃倾角的刀具,使用中心架或跟刀架,改变进刀方向使刀杆或工件从受压状态变为受拉,避免失稳
	2	由于机床导轨磨损直线度超差,使刀具轨迹不是一条直线	修复不合格导轨
	3	由于温度过高或过低或受外力,引起机床导轨变形,使机床导轨在水平或垂直方向产生局部位移	减少切削热的产生,加快切削热的传导,降低机床主轴箱和液压系统的温升,定期更换润滑油和液压油,控制环境温度,定期调整机床导轨和主轴轴承间隙,大型机床在重要加工前应先检查或调整机床导轨
	4	浮动镗时,因前道工序的直线度超差	提高上一道工序的直线精度
平面度	1	周铣时铣刀圆柱度超差	重磨或更换铣刀
	2	端铣时铣床主轴轴线与进给运动方向不垂直	重新安装刀盘或调整铣床主轴轴线与进给运动方向的垂直度
	3	铣刀宽度或直径不够大,产生接刀刀痕	选择尺寸足够大的铣刀,避免接刀,或使接刀痕迹均匀,精加工时应尽量避免接刀
平面度	4	因切削力、夹紧力大小不当产生夹紧变形	尽量减小切削力,夹紧力要适当,夹紧力作用点要选择合理;施加夹紧力先后顺序要正确;精加工前适当松开工件,使变形得以恢复;粗精加工分开;改善夹具结构,增设辅助支承等
	5	加工时产生热变形	减少切削热,加速切削热传导,粗精加工分开
	6	加工过程中由于工艺系统刚性不足,产生让刀	增加工艺系统刚性,改善刀具结构,调整切削用量,减小切削力,选择合适的机床型号,避免"小马拉大车"
	7	车削大平面时由于车刀磨损或让刀	降低切削用量,改善车刀结构;使用润滑效果较好的切削液,使车刀耐磨;锁紧大、小拖板防止让刀;有时可利用平面上的沟槽变更切削速度,以减小刀具磨损
轮廓度	1	成形刀具的制造精度和轮廓精度不合格	提高成形刀具制造精度或作局部修复,要正确安装成形刀具,保证合理的径向前角
	2	使用靠模加工时由于靠模制造精度、缺陷或使用不当引起的质量不合格	提高靠模制造精度或作局部修复,正确计算靠模滚轮直径,正确使用靠模,保持靠模与滚轮之间的良好接触,减小靠模磨损,及时更换相关零部件
	3	铣刀圆弧半径大于工件圆弧半径、铣刀安装有误	正确选择和安装铣刀
	4	因数控程序错误或刀具磨损导致轮廓度超差	复查数控程序,减少刀具磨损,及时更换刀具
	5	成形刀或砂轮轮廓形状磨损	修复成形刀具或砂轮轮廓形状,正确选择砂轮要素

表 6-8　位置精度控制措施

项　目		质量不合格原因	解决措施
平行度	1	工件定位时因定位基面有毛刺或损伤、定位副间有异物	仔细检查定位副,清理工件毛刺
	2	定位元件磨损不均匀	更换定位元件或改进夹具结构
	3	机用虎钳固定钳口工作面与机床工作台不垂直	修磨调整固定钳口工作面或钳口安装面
	4	机用虎钳导轨面与机床工作台不平行	拆卸、清洗、重新装配、检查并调整虎钳
	5	设计基准与定位基准不重合且误差较大	使基准重合或提高设计基准与定位基准之间的位置精度
	6	切削力过大,使定位副脱离接触	减小切削力,设计夹具时应三力(重力、夹紧力、切削力)同向
	7	镗孔时,孔的轴线与设计基准不平行	提高镗套同轴度精度,镗模支架孔座采用配镗,尽量用较粗的镗杆,减少镗杆悬臂,减小切削用量,使用较大主偏角镗刀
	8	平面磨削时因精磨余量大,砂轮钝化	尽量减小精磨余量,保持砂轮锋利,增加轴向走刀次数直至无火花
	9	按划线找正时,划线和找正精度不高造成平行度超差	提高划线和找正精度
垂直度	1	机用虎钳固定钳口与机床工作台不垂直	修磨固定钳口或钳口安装面
	2	工件定位时因定位基面有毛刺或损伤、定位副间有异物	仔细检查定位副,清理毛刺
	3	周铣时铣刀外圆有锥度	重磨或更换铣刀,改用端铣
	4	横向铣削时,主轴轴线与横向走刀不垂直	调整铣床主轴或改变走刀方向
	5	精加工大平面时因刀具磨损	改善刀具结构,减小切削用量,选择适合的切削液以减少刀具磨损
	6	按划线找正时,划线或找正精度低	提高划线和找正精度
	7	铣削时立柱导轨与工件安装基准不垂直	检查铣床立柱,校正机床,检查工件定位是否可靠
对称度	1	铣沟槽时对刀不准确	准确对刀或使用专用对刀工具,试切获得准确尺寸
	2	铣沟槽时因走刀方向与测量基准不平行	校正测量基准使其与走刀方向平行,或用测量基准作定位基准
	3	批量生产使用调整法加工零件时,因定位尺寸公差大于对称度公差	改用试切法,使用自动定心方法装夹工件
	4	加工过程中产生让刀	重磨或更换刀具,改善刀具几何参数,减小切削用量
位置度	1	钻头刃磨质量差;横刃过长、两主切削刃不对称	修磨钻头主切削刃和横刃
	2	镗孔时镗杆挠度过大	减小切削用量,增大镗刀主偏角,减少镗杆悬伸或缩短镗杆支承距离
	3	镗杆与镗套、钻头与钻套的配合间隙偏大	提高配合精度,及时更换镗套和钻套,以减少配合间隙
	4	划线钻孔时因划线和找正精度低	提高划线和找正精度
	5	浮动镗时,因前道工序的位置度超差	提高上一道工序的位置精度
	6	镗孔时因多次装夹、基准转换引起的装夹误差	减少装夹次数,尽量使基准重合,尽量使工序内容集中

续表

项 目		质量不合格原因	解决措施
同轴度	1	轴类零件因顶尖孔不同轴	修磨或重打中心孔
	2	调头加工零件时定位精度低	尽量不调头或提高调头定位精度
	3	铰孔或浮动镗时因前道工序同轴度超差	提高上道工序同轴度精度
	4	因镗床夹具镗套轴线之间的同轴度超差	提高夹具精度,采用配镗、就地加工等方法提高位置精度
跳动	1	顶尖跳动超差	修磨顶尖或使用死顶尖
	2	机床主轴轴向窜动	调整或更换止推轴承
	3	切削加工时刀具或磨具在工件端面上停留的时间过短,造成不完全切削	延长刀具或磨具与工件的接触时间,以充分切除金属,使端面平整
	4	端面与内外圆柱表面未能一次装夹加工	尽量一次装夹加工,如采用镗孔车端面一次完成,减少装夹次数
	5	在万能外圆磨床上靠磨工件端面时,砂轮侧面与工件轴线不垂直	修磨砂轮侧面,端面较大时改用端面外圆磨床加工

c. 表面质量控制　包括表面粗糙度控制与积屑瘤、鳞刺、表面硬化及应力状态控制等内容,表面粗糙度不合格原因及质量控制措施参见表 6-9,积屑瘤、鳞刺、表面硬化和应用状态等不合格原因及质量控制措施参见表 6-10。

表 6-9　表面粗糙度控制措施

项目		质量不合格原因	解决措施
刀具	1	主、副偏角过大	减小主、副偏角
	2	刀尖圆弧半径过小	加大刀尖圆弧半径
	3	修光刃不平直	重磨修光刃
	4	采用了负刃倾角刀具,使切屑划伤已加工表面	采用正刃倾角或零刃倾角的刀具
	5	铣刀或铰刀刀刃有缺陷	修磨、更换铣刀或铰刀
	6	刀具切削部分表面粗糙度数值偏高	提高刀具刃磨质量
	7	刀具磨损严重	重磨或更换刀具
	8	刀杆刚性差或伸出过长引起振动	增加刀杆刚性或减少刀杆伸出长度
	9	刀具后角过大引起振动	减小刀具后角或使用负后角刀具
	10	砂轮钝化或粒度号偏小	修整砂轮或选择粒度号较大的砂轮
切削用量	1	进给量过大或与刀具参数不匹配	减小进给量或改进刀具几何参数
	2	背吃刀量过大或与刀具参数不匹配	减小背吃刀量或改进刀具几何参数
	3	切削速度与背吃刀量、进给量不匹配	调整切削用量的配搭关系
	4	产生了积屑瘤	避免使用中等切削速度,加强润滑消除积屑瘤
机床	1	机床刚性差,引起振动	调整、清洗机床刀架及拖板,机床增大刚性
	2	两顶尖装夹工件时,顶尖或尾架主轴伸出过长,产生振动	减少顶尖和尾架伸出量
	3	加工刚性差的工件产生振动	增加工艺系统刚性,使用中心架或跟刀架
	4	回转部件不平衡造成振动	降低转速,校正平衡

续表

项目		质量不合格原因	解决措施
工件	1	工件材质过硬或过软	在许可的情况下改善工件材料的物理力学性能
	2	工件韧性过大不易断屑,致使切屑划伤工件已加工表面	在许可的情况下改善工件材料的物理力学性能,增强刀具的断屑能力
	3	工件材质不均或有铸造缺陷	选用符合质量标准的材料
	4	磨削有色金属砂轮堵塞	有色金属宜采用高速细车或高速细铣,不宜磨削
其他	1	加工时润滑不良	选用润滑性能较好的切削液
	2	使用夹具时定位副接触面积过小产生振动	增大定位副接触面积以增大接触刚度
	3	夹具缺少辅助支承产生振动	增加辅助支承
	4	使用跟刀架时支承面划伤工件已加工表面	改滑动摩擦为滚动摩擦,降低支承爪接触面的表面粗糙度,提供良好的润滑,支承不宜过紧

表 6-10　积屑瘤、鳞刺、表面硬化和应用状态控制措施

项目		质量不合格原因	解决措施
刀具	1	刀具前、后角偏小,挤压严重	加大刀具前、后角,使刀具锋利
	2	刀具负倒棱过大,切削阻力大	减小负倒棱,使切削轻快
	3	刀具前刀面粗糙度过高,摩擦阻力增大	降低刀具前刀面表面粗糙度数值
	4	选择刀具材料有误	正确选择刀具材料
	5	由于刀具几何参数不合理导致切削热大量产生,使切削温度升高	选择摩擦因数小的刀具材料和加大刀具前角
	6	磨硬度较高的材料时选用了较硬的砂轮造成表面烧伤	磨硬材料时用软砂轮,磨软材料时用硬砂轮
切削用量	1	切削碳钢时,中等切削速度(80m/min 左右)最易产生积屑瘤	避开中等切削速度
	2	过低的切削速度导致切削变形加剧,功率消耗增多,切削温度上升,从而产生较大残余应力	适当提高切削速度,加大进给速度可以缓解切削变形
	3	过小的进给速度会加剧后刀面与工件已加工表面的摩擦,从而加剧加工硬化、使表面粗糙度上升	精加工时可以加大刀具的后角,只需在后刀面上磨出较窄的倒棱,减小加工硬化
	4	过小的背吃刀量会使刀具瞬时离开工件加工表面使表面粗糙度上升	确定合理的背吃刀量,选用振动较小的机床
	5	磨削加工中过小的进给速度会导致工件与砂轮的摩擦加剧,导致表面烧伤和残余应力	适当加大进给速度,并使用较软的和树脂结合剂的砂轮
工件	1	塑性较好的材料易生成积屑瘤和鳞刺	在许可的情况下改变材料的物理力学性能(如正火处理等)
	2	有些合金材料加工硬化特别严重	减少走刀次数,避免多次走刀
其他	1	切削过程中切削液使用不当	根据要解决的主要矛盾合理选用切削液
	2	粗、精加工未能分开	粗、精加工分开,或增加恰当的热处理工序

任务 21　传动齿轮检测与工序质量分析

素质目标

① 培养学生踏实严谨的治学态度。

② 培养学生主动解决问题的意识。

③ 培养学生精益求精的大国工匠精神。

④ 激发学生科技报国的家国情怀和使命担当。

知识目标

① 掌握公法线千分尺、齿厚游标卡尺、基节检查仪等的工作原理、作用和使用方法。

② 掌握齿厚偏差、公法线长度、基节偏差、跳动的检测方法。

③ 掌握直方图的作用、绘制与分析方法。

④ 掌握工序能力的测算与分析方法。

能力目标

① 能根据检测要素合理选择量具。

② 会使用公法线千分尺、齿厚游标卡尺、基节检查仪、偏摆检查仪进行相关检测。

③ 会制作和使用直方图分析工序状况及其产生原因；会测算和评定工序能力指数。

④ 能根据分析计算结果，提出质量改进措施或建议。

任务描述

分析传动齿轮零件图（图6-8）技术要求，针对如下检验项目确定检测方案，选择量具，编制检验计划。

① 公法线长度。

② 分度圆弦齿厚。

③ 基节偏差。

④ 齿轮齿圈的径向跳动。

根据检验计划实施检测，记录检测数据，并判断零件是否合格；根据给定的数据（附数据表）绘制直方图；计算工序能力指数，评定工序能力，并提出质量改进意见。

任务实施

① 制定检验计划：分析图纸，分组确定检测方案、选择量具，编制检验计划表。

② 编制质量表格：编制检验记录表、不合格项目统计表。

③ 项目检验：根据检验计划实施检测，记录检测数据，并判断零件是否合格。

④ 工序质量分析：对给定数据绘制直方图，计算工序能力指数，评定工序能力，并提出工序改进意见。

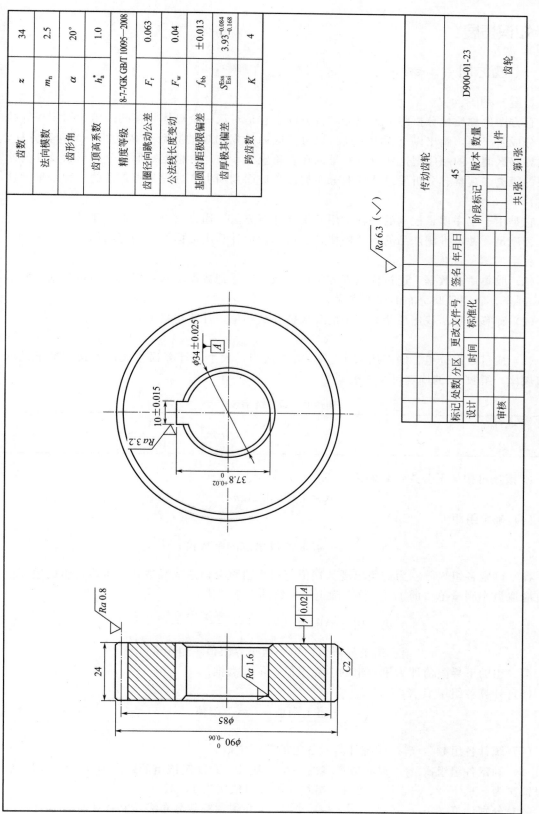

齿数	z	34
法向模数	m_n	2.5
齿形角	α	20°
齿顶高系数	h_a^*	1.0
精度等级	8-7-7GK GB/T 10095—2008	
齿圈径向跳动公差	F_r	0.063
公法线长度变动	F_w	0.04
基圆齿距极限偏差	f_{bb}	±0.013
齿厚极其偏差	S_{Esi}^{Ess}	$3.93^{-0.084}_{-0.168}$
跨齿数	K	4

							D900-01-23			齿轮	
							传动齿轮		45		
				签名	年月日		阶段标记		版本	数量	
										1件	
标记	处数	分区	更改文件号	时间	标准化				共1张	第1张	
设计											
审核											

$\sqrt{Ra\ 6.3}\ (\sqrt{\ })$

图6-8　传动齿轮

知识拓展

一、直方图

1. 直方图的含义

直方图也称质量分析图、频数分布直方图。它是对从一个母体收集的一组数据用相等的组距分成若干组，画出以组距为宽度，以分组区内数据出现的频数为高度的一系列直方柱，按组界（区间）的顺序把这些直方柱排列在直角坐标系内，再根据矩形的分布形状及其公差界限的距离来观察、分析质量特性的分布规律，进而判断生产过程是否正常的一种质量管理方法。

它是用于工序质量控制的一种常用的统计分析方法。通过它可以了解工序是否正常，能力是否满足，并可推测产品的不合格率，还可确切地计算出数据的平均值和标准偏差 S。

2. 直方图的绘制

（1）收集质量数据　通过检测等方法搜集数据，并把数据填入数据表。质量数据一般不少于 50 个，否则反映分布的误差太大。

（2）计算极差　找出质量数据中的最大值和最小值，计算出极差：

$$R = X_{\max} - X_{\min}$$

（3）质量数据分组　确定组数 K。K 值要适当，太小则计算误差大；太大则难于显示分布规律。组数 K 的确定可参考表 6-11。

表 6-11　组数选用表

样本容量 n	<50	50~100	100~250	>250
组数 K	5~7	6~10	7~12	10~20

K 值还可按如下公式计算确定：

$$K = 1 + 3.322 \lg n$$

（4）确定组距 h

$$h = \frac{R}{K} \text{（一般取测量单位的整数倍）}$$

（5）确定各组界限　为避免出现数据值与组界值重合而造成频数计算困难，组的边界值单位应取最小测量单位的 1/2。首先确定第一组的上下界限：

$$\text{第一组下界限值} = X - \frac{\text{最小测量单位}}{2}$$

$$\text{第一组上界限值} = \text{第一组下界限值} + \text{组距} h$$

第二组的下界限值即为第一组的上界限值，依此类推。

（6）计算各组中值 X_i

$$X_i = \frac{i \text{ 组上限值} + i \text{ 组下限值}}{2}$$

（7）统计各组频数 f_i　即统计落入各组的数据个数。

（8）确定各组组次 u_i　以频数最多的一组为基准，并规定该组的组次为 0。由 0 组往后各组依次为 −1、−2、−3 等，而由 0 组往前的各组依次为 1，2，3 等。

（9）分别计算 $f_i u_i$、$f_i u_i^2$、$\sum f_i u_i$、$\sum f_i u_i^2$ 并编制频数分布表　其样式见表 6-12。

表 6-12　质量数据频数分布表

组号	组界	组中值(X_i)	频数(f_i)	组次(u_i)	f_iu_i	$f_iu_i^2$
1						
2	.					
3						
4						
5						
6						
7						
...						
	合计(Σ)					

（10）计算平均值 $\overline{X}$ 和标准偏差 S

$$\overline{X}=a+h\,\frac{\sum f_iu_i}{\sum f_i}$$

$$S=h\sqrt{\frac{\sum f_iu_i^2}{\sum f_i}-\left(\frac{\sum f_iu_i}{\sum f_i}\right)^2}$$

式中　a——频数最多的一组（0 组）的组中值。

（11）绘制直方图　以质量特性值为横坐标，以频数为纵坐标，以分组组距为直方图的宽度，以各组频数为直方图的高度绘制直方图，同时，在图上标出样本总数 n 以及统计特征量数据 $\overline{X}$ 和 S，为便于分析，图中还应标出质量特性值的公差范围。

另外，直方图的绘制与计算还可借助于计算机来完成，如在 Excel 中预先设计好数据表格、计算公式、图形绘制关联、结果输出等，使用时，只要把收集到的数据填入数据表中，即可立即得到所有结果，使用特别方便。

3. 直方图的观察分析

（1）标准型　又称对称型。如图 6-9（a）所示。图形的数据平均值与中心值相同或相近，各组频数左右基本对称且缓慢下降，数据分布符合正态分布规律，说明工序处于稳定状态。

（2）锯齿型　如图 6-9（b）所示。直方图出现参差不齐，即频数不是依次增减，而是呈锯齿状。造成这种现象的原因一般是分组过多或测量仪器精度不够，读数有误等问题。

（3）偏峰型　如图 6-9（c）所示。直方图顶峰偏向一侧，即数据的平均值位于中间值的左侧或右侧，使图形不对称。这往往是由于操作者的原因造成的。如操作者对上、下限控制宽严不一，容易造成偏峰型。

（4）陡壁型　如图 6-9（d）所示。这种图形的数据平均值远远偏离直方图的中间值，且中间值的一边频数分布几乎没有，分布严重不对称。通常，当出现工序能力不足，或过程中存在自动反馈调整时，会出现这种图形，如人为地剔除部分数据造成不真实的统计结果。

（5）平顶型　如图 6-9（e）所示。在整个分布范围内，频数的大小差距不大，形成平顶型直方图，这往往是由于几种平均值不同的分布混在了一起，或过程中的某些要素发生缓慢的倾向性变化。

（6）双峰型　如图 6-9（f）所示。直方图中出现了两个峰。这种图形往往是由不同材料、不同操作者或不同设备加工的产品放在一起造成的。

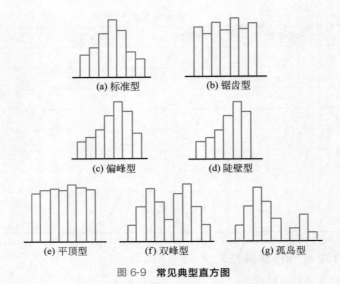

图 6-9　常见典型直方图

（7）孤岛型　如图 6-9(g) 所示。在直方图的一侧有个孤立的"小岛"。出现这种情况往往是由于数据中混有其他分布的少量数据，如工序异常、测量错误、原材料质量的短时变化等。

4. 工序质量状况分析

质量特性一般都有公差要求，把公差的上、下限用两条直线在直方图上表示出来，就可以与质量数据分布情况进行比较分析，以判断工序满足要求的程度。当数据分布基本符合正态分布时，直方图与公差限有图 6-10 所示几种典型表现形式。

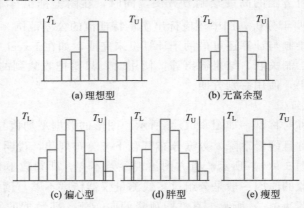

图 6-10　直方图与公差限的典型表现形式

（1）理想型　数据全部在公差范围内，并且呈正态分布，最大值、最小值与公差限之间有一定距离，如图 6-10(a) 所示。这是一种较好的数据分布，这种情况说明工序质量稳定，状态良好，一般不需要任何调整。

（2）无富余型　数据呈正态分布，也在公差范围内，但最大、最小值已与公差限重合，如图 6-10(b) 所示。这说明数据虽然满足质量要求，但不充分，一不小心就会超差。这时，应加强质量控制，提高过程的稳定性，适当缩小数据的波动范围，防止不合格品的出现。

（3）偏心型　直方图虽呈正态分布，但分布中心与公差中心偏离较大，甚至有一侧数据超出公差限，如图 6-10(c) 所示。这说明质量控制上、下限宽严不一，控制有倾向性，容易出现超差现象。此时，应采取措施，使平均值接近公差中值。

（4）胖型　直方图虽呈正态分布，但两侧数据都已超出公差范围，如图 6-10（d）所示。这说明数据（质量）波动太大，有一定量的不合格品产生，工序能力不足。这时，必须采取措施，提高工序能力，缩小数据分布，防止不合格品发生。

（5）瘦型　数据分布很集中，两边离公差限的距离都较远，如图 6-10（e）所示。这说明，质量控制较严，不经济，质量成本会较高。

5. 直方图的应用

（1）判别加工误差的性质　根据直方图的形状判别加工误差产生的原因，进而有针对性地寻找原因并采取措施加以消除。

（2）确定各种方法所能达到的加工精度　由于各种加工方法在随机性因素影响下所得加工尺寸的分布规律符合正态分布，因此，可以在多次统计的基础上为每一种加工方法求得它的标准偏差 σ 值，并按分布范围为 6σ 确定其所能达到的精度。

（3）确定工序能力及其等级　工序能力为工序处于稳定状态时，加工误差正常波动的幅度，可以用该工序的尺寸分散范围表示。在加工尺寸分布接近正态分布时，工序能力为 6σ。

（4）估算不合格品率　正态分布曲线与 X 轴之间所包围的面积代表一批工件的总数，工件尺寸分散范围大于公差 T 时，将出现不合格品，根据正态分布函数即可计算出它的不合格品率。

利用直方图还可以制定质量标准、确定公差范围、评价质量管理水平、判断质量分布情况等。

6. 案例分析

某工厂批量加工一零件，其一外圆尺寸 $\phi 10^{+0.036}_{0}$ 为一重要质量特性，现需要掌握其实际质量状况，以便加强控制，保证产品质量。

① 从该零件的加工过程中取 100 个工件，测得尺寸（$10+X$）的 X 值（表 6-13）。

表 6-13　零件外圆尺寸数据　　　　　　　　　　　0.001mm

23	19	16	11	20	11	17	16	14	16
19	22	20	7	10	15	14	7	9	18
16	17	14	17	17	24	20	16	27	15
14	21	14	20	16	15	9	8	16	14
14	17	9	13	20	21	8	14	17	9
8	0	6	9	10	14	16	13	19	18
20	16	11	9	16	27	16	22	16	17
19	9	11	13	19	13	8	5	14	13
27	14	17	16	5	17	13	20	8	27
3	12	20	23	25	16	17	23	29	10

② 计算极差值。

$$R = X_{max} - X_{min} = 10.029 - 10.0 = 0.029 \text{mm}$$

③ 确定组数 K，由表 6-11 可知，取 $K=8$。

④ 确定组距 h。

$$h = \frac{R}{K} = \frac{0.029}{8} = 0.0036 \approx 0.004 \text{mm}$$

⑤ 计算各组的上、下限。设第一组的下限为 9.9995mm，则
第一组的上限值为 10.0035；

第二组的上限值为 10.0075；

第三组的上限值为 10.0115；

第四组的上限值为 10.0155；

第五组的上限值为 10.0195；

第六组的上限值为 10.0235；

第七组的上限值为 10.0275；

第八组的上限值为 10.0315。

⑥ 计算各组的中心值 X_i。

$$X_1=10.0015 \quad X_2=10.0055 \quad X_3=10.0095 \quad X_4=10.0135$$
$$X_5=10.0175 \quad X_6=10.0215 \quad X_7=10.0255 \quad X_8=10.0295$$

⑦ 统计各组频数 f_i，结果见表 6-14。

表 6-14　各组频数

组号	1	2	3	4	5	6	7	8
频数	2	5	19	21	31	15	6	1

⑧ 确定各组组次 u_i：令 $u_5=0$，则 $u_4=-1$，$u_3=-2$，$u_2=-3$，$u_1=-4$，$u_6=1$，$u_7=2$，$u_8=3$。

⑨ 分别计算 f_iu_i、$f_iu_i^2$、$\sum f_iu_i$、$\sum f_iu_i^2$，并编制频数分布表（表 6-15）。

表 6-15　外径数据频数分布表

组号	组　界	组中值(X_i)	频数(f_i)	组次(u_i)	f_iu_i	$f_iu_i^2$
1	9.9995～10.0035	10.0015	2	-4	-8	32
2	10.0035～10.0075	10.0055	5	-3	-15	45
3	10.0075～10.0115	10.0095	19	-2	-38	76
4	10.0115～10.0155	10.0135	21	-1	-21	21
5	10.0155～10.0195	10.0175	31	0	0	0
6	10.0195～10.0235	10.0215	15	1	15	15
7	10.0235～10.0275	10.0255	6	2	12	24
8	10.0275～10.0315	10.0295	1	3	3	9
合计(Σ)			100	-4	-52	222

⑩ 计算平均值 $\overline{X}$ 和标准偏差 S。

由

$$\overline{X}=a+h\frac{\sum f_iu_i}{\sum f_i}$$

得

$$\overline{X}=10.0175+0.004\times\frac{-52}{100}=10.0154$$

由

$$S=h\sqrt{\frac{\sum f_iu_i^2}{\sum f_i}-\left(\frac{\sum f_iu_i}{\sum f_i}\right)^2}$$

得

$$S=0.004\times\sqrt{\frac{222}{100}-\left(\frac{-52}{100}\right)^2}=0.0056$$

⑪ 绘制直方图，并进行直方图分析。数据分布基本符合正态分布，但数据分布中心有

点偏心并有偏峰现象，容易出现数据超差，需要采取一定措施加以解决，如提高工序能力，缩小数据分布，调整控制尺寸，使数据中心尽量与公差中心重合。

二、工序能力与工序能力指数

1. 工序能力

（1）工序能力的含义　工序能力又称过程能力，是指处于稳定状态下的工序（或过程）实际的加工能力。它是衡量工序加工内在性能的标准。

工序能力的测定一般是在成批生产状态下进行的。过程满足产品质量要求的能力主要表现在以下两个方面：产品质量是否稳定；产品质量精度是否足够。

在稳定生产状态下，质量特性值一般服从正态分布，为此，为便于工序能力的量化，可以用 3σ 原理来规定其分布范围，即在 $\mu \pm 3\sigma$ 的范围内包含了 99.73% 的分布率。以 $\pm 3\sigma$（即 6σ）来衡量过程的能力是具有足够的精确度和良好的经济特性。因此，工序能力的定量描述为

$$B = 6\sigma = 6S$$

（2）工序质量分析与控制措施　工序质量分析就是要分析造成工序质量异常波动的影响因素，进而采取相应措施加以消除，使生产处于稳定状态。

一般来讲，影响工序质量的因素有 5M1E，即人、机、料、法、测、环几个方面，并在其中找出主导因素。

2. 工序能力指数 C_P

工序能力指数是定量表示过程满足产品设计的质量要求的程度。用产品公差范围（T）与工序能力（B）之比表示，即

$$C_P = \frac{T}{B} = \frac{T}{6S} = \frac{T_U - T_L}{6S}$$

式中　T_U——公差上限；

T_L——公差下限。

① 当给定双向公差，数据中心（$\overline{X}$）与公差中心（M）不一致，即存在中心偏移量（ε）时，用 C_{PK} 表示：

$$C_{PK} = \frac{T - 2\varepsilon}{6S}$$

② 当给定单向公差时，常采用下面公式：

$$C_{P上} = \frac{T_U - \overline{X}}{3S} \qquad C_{P下} = \frac{\overline{X} - T_L}{3S}$$

③ 工序能力指数评定等级见表 6-16，工序能力指数对应的不合格品率见表 6-17。

表 6-16　工序能力指数评定等级

指数范围	等级	判　断	措　　施
$C_P \geqslant 1.67$	I	工序能力过高	工序能力有富余，为提高产品质量，对关键或主要项目，再次缩小公差范围；或为提高效率、降低成本而放宽波动幅度，改用较低精度等级的设备等
$1.67 > C_P \geqslant 1.33$	II	工序能力充分	技术管理能力很好，继续维持；当不是关键或主要项目时放宽波动幅度；降低对原材料的要求；简化质量检验，采用抽样检验或减少检验频次

续表

指数范围	等级	判　断	措　施
$1.33 > C_P \geqslant 1$	Ⅲ	工序能力尚可	采取措施把工序能力提高到Ⅱ级；或用控制图等方法对工序进行控制和监督，以便及时发现异常波动；对产品按正常规定进行检验
$1 > C_P \geqslant 0.67$	Ⅳ	工序能力不足	分析分散程度大的原因，制定措施加以改进，在不影响产品质量情况下，放宽公差范围，加强质量检验，全数检验或增加检验频次
$C_P < 0.67$	Ⅴ	工序能力严重不足	一般应停止继续加工，找出原因，改进工艺，提高 C_P 值，否则全数检验，挑出不良品

表 6-17　工序能力指数对应的不合格品率

C_P	不合格品率	C_P	不合格品率
1.67	6/1000 万	1.1	1/1000
1.5	7/100 万	1	3/1000
1.33	6/10 万	0.67	4.55/100
1.2	3/1 万	0.33	31.75/100

④ 提高工序能力指数的途径：由工序能力指数的计算公式可知，提高工序能力指数的办法可先后从以下三个方面考虑。

a. 调整工序加工的分布中心，减少偏移量 ε。如在调整尺寸时，尽量靠近公差中心偏实体尺寸小的一侧，当刀具慢慢磨损时，数据正好在公差中心附近变动。

b. 提高工序能力 B，减少分散程度 S。提高工序能力一般可以从 5M1E 几方面入手分析问题，寻找对策，并实施改进。

c. 修订公差范围。当其他办法都难以奏效时，可通过调整设计，适当放宽此尺寸的公差，以达到提高工序能力指数的目的，否则，只能通过加强检验和管理来保证质量。

任务 22　驱动器座检测与工序质量动态监控

素质目标

① 培养学生踏实严谨的治学态度。
② 培养学生主动解决问题的意识。
③ 培养学生精益求精的大国工匠精神。
④ 激发学生科技报国的家国情怀和使命担当。

知识目标

① 掌握三坐标测量仪等的结构、工作原理、应用范围。
② 理解零件孔径、孔距及几何误差等概念，掌握其测量工具的选择和测量方法。
③ 掌握控制图的作用、绘制及分析方法。

能力目标

① 能合理选择量具。

② 能运用常规测量工具或三坐标测量仪实施检测。

③ 能运用控制图对重要尺寸的加工质量进行动态监控。

任务描述

分析驱动器座零件工序图（图 6-11）技术要求，针对如下检验项目确定检测方案，选择量具，编制检验计划。

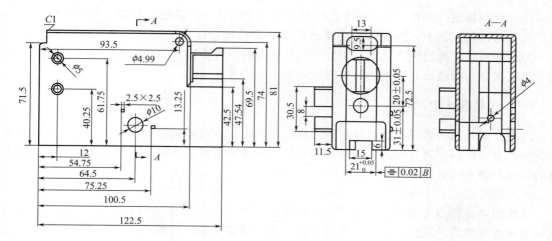

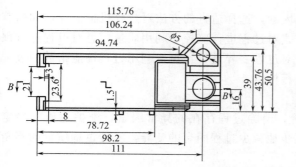
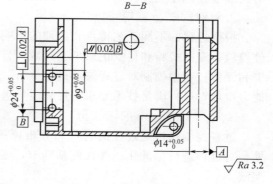

图 6-11 驱动器座零件工序图

① 检测 $\phi 24^{+0.05}_{0}$ 孔径。

② 检测 $\phi 9^{+0.05}_{0}$ 与 $\phi 24^{+0.05}_{0}$ 的孔心距 $20^{+0.05}_{0}$。

③ 检测 $\phi 24^{+0.05}_{0}$ 孔中心对 $\phi 14^{+0.05}_{0}$ 孔中心的垂直度。

④ 检测 $21^{+0.05}_{0}$ 的两直槽边对 $\phi 24^{+0.05}_{0}$ 孔中心的对称度。

⑤ 检测 $\phi 9^{+0.05}_{0}$ 孔中心对 $\phi 24^{+0.05}_{0}$ 孔中心的平行度。

根据检验计划实施检测，记录检测数据，并判断零件工序尺寸是否合格；搜集孔心距数据，绘制 $\overline{X}$-R 控制图，分析控制图状态，判断工序是否稳定。

✿ 任务实施

① 制定检验计划：分析图纸，分组确定检测方案、选择量具，编制检验计划表。

② 编制质量表格：编制检验记录表、不合格项目统计表。

③ 项目检验：根据检验计划实施检测，记录检测数据，并判断零件是否合格。

④ 制作控制图，判断工序是否稳定：搜集孔心距数据绘制 $\bar{X}$-R 控制图，分析控制图，判断工序是否稳定。

🌱 知识拓展

统计过程控制（SPC）是应用统计技术对过程中的各个阶段进行监控，从而达到改进与保证质量的目的。其中，控制图理论是 SPC 最主要的统计技术。

控制图是用于判别生产过程是否处于控制状态的一种手段，达到以预防为主的目的。利用它可以区分质量波动究竟是由随机因素还是系统因素造成的。

一、过程控制的含义

过程控制是指为实现产品过程质量而进行的有组织、有系统的过程管理活动。其目的在于为生产合格产品创造有利的生产条件和环境，从根本上预防和减少不合格品的产生。其主要内容包括如下几方面。

1. 对过程进行分析并建立控制标准

分析影响过程质量的因素，确定主要因素，并分析主要因素的影响方式、途径和程度，据此明确主要因素的最佳水平，实现过程标准化；确定产品关键的质量特性和影响产品质量的关键过程，建立管理点，编制全面的控制计划和控制文件。

2. 对过程进行监控和评价

根据过程的不同工艺特点和治理的影响因素，选择适宜的方法对过程机械监控，如用首件检验、巡回检验和检查记录工艺参数等方式对过程进行监控；利用质量信息对过程进行预警和评价；利用控制对过程波动进行分析、对过程变异进行预警，利用过程性能指数和过程能力指数对过程满足技术要求的过程质量进行评定。

3. 对过程进行维护和改进

过程控制通过对过程的管理和分析评价，消除过程存在的异常因素，维护过程的稳定性，对过程进行标准化，并在此基础上，逐步地减少过程固有的变异，实现过程质量的不断突破。

二、统计过程控制

统计过程控制是应用统计学技术对过程中的各个阶段进行评估和监控，保持过程处于可接受的并且稳定的水平，从而保证产品与服务符合规定要求的一种技术。它是过程控制的一部分，在内容上包含两个方面：一是利用控制图分析过程的稳定性，对过程存在的异常因素进行预警；二是计算过程能力指数，分析稳定的过程能力满足技术要求的程度，对过程质量进行评价。

三、统计过程诊断（SPD）

SPD 是利用统计技术对过程中的各个阶段进行监控与诊断，从而达到缩短诊断异常的时间，以迅速采取纠正措施、减少损失、降低成本、保证产品质量的目的。

四、质量控制的主要环节

完成质量控制活动，一般分为标准、信息（反馈）、纠正三个环节。

一是确定控制计划和标准（即建立标准系统）；二是按计划和标准实施，并在实施过程中进行监视和验证，即需建立信息反馈系统；三是对不符合计划或标准的情况进行处置，并及时开展有效的纠正、补救活动等，即要建立一个灵敏、有效、权威的纠正系统，使各项质量活动及结果始终处于受控状态。

五、控制图的含义

控制图就是用于分析和判断工序是否处于稳定状态所使用的带有控制界限的图，如图6-12所示。

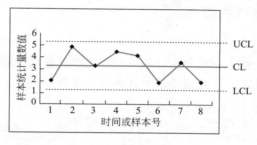

图 6-12　**控制图**

六、控制图原理

1. 质量波动

在生产过程中，无论工艺条件多么一致，生产出来的产品的质量特性值也不完全一致，这就是质量波动。产品质量波动分为正常波动和异常波动。随机因素形成正常波动，系统因素造成异常波动。

2. 质量分布

产品质量虽然是波动的，但正常波动是有一定规律的，即存在一种分布趋势，形成一个分布带，这个分布带的范围反映了产品的精度。产品质量分布可以有多种形式，计量质量特性值常见的分布为正态分布，计件质量特性值常见的分布为二项分布。

当生产条件正常，生产过程比较稳定，且仅有随机因素影响的情况下，产品总体的质量特性分布为正态分布，其数据分布规律见表6-18。

表 6-18　数据分布规律

分布范围	合格品率	不合格品率
$\mu \pm \sigma$	68.26%	31.74%
$\mu \pm 2\sigma$	95.45%	4.55%
$\mu \pm 3\sigma$	99.73%	0.27%

为使误判和错判所造成的损失降至最小，控制范围应定在平均值的正负3倍标准偏差处，这就是"3σ原则"（图6-13）。

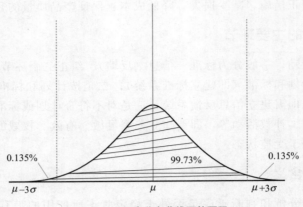

图 6-13　正态分布曲线下的面积

七、控制图的种类与选用

1. 控制图的种类

根据质量特性值类型控制图可分为计量值控制图和计数值控制图。

常用控制图种类及其上、下控制界限的计算公式见表 6-19。

表 6-19　常用控制图种类及其上、下控制界限的计算公式

类别	控制图代号	控制图名称	控制图界限	
计量值控制图（正态分布）	$\overline{X}\text{-}R$	均值-极差控制图	$\overline{X}$ 图：$\mathrm{UCL}=\overline{\overline{X}}+A_2\overline{R}$ $\mathrm{CL}=\overline{\overline{X}}$ $\mathrm{LCL}=\overline{\overline{X}}-A_2\overline{R}$	R 图：$\mathrm{UCL}=D_4\overline{R}$ $\mathrm{CL}=\overline{R}$ $\mathrm{LCL}=D_3\overline{R}$
	$X\text{-}R_\mathrm{S}$	单值-移动极差控制图	X 图：$\mathrm{UCL}=\overline{X}+E_2\overline{R}_\mathrm{S}$ $\mathrm{CL}=\overline{X}$ $\mathrm{LCL}=\overline{X}-E_2\overline{R}_\mathrm{S}$	R 图：$\mathrm{UCL}=D_4\overline{R}_\mathrm{S}$ $\mathrm{CL}=\overline{R}_\mathrm{S}$ $\mathrm{LCL}=D_3\overline{R}_\mathrm{S}$
	$M_\mathrm{e}\text{-}R$	中位数-极差控制图	M_e 图：$\mathrm{UCL}=\widetilde{X}+m_3A_2\overline{R}$ $\mathrm{CL}=\widetilde{\overline{X}}$ $\mathrm{LCL}=\widetilde{\overline{X}}-m_3A_2\overline{R}$	R 图：$\mathrm{UCL}=D_4\overline{R}$ $\mathrm{CL}=\overline{R}$ $\mathrm{LCL}=D_3\overline{R}$
计件值控制图（二项分布）	p	不合格品率控制图	$\mathrm{UCL}=\overline{p}+3\sqrt{\overline{p}(1-\overline{p})/n}$ $\mathrm{CL}=\overline{p}$ $\mathrm{LCL}=\overline{p}-3\sqrt{\overline{p}(1-\overline{p})/n}$	
	np	不合格品数控制图	$\mathrm{UCL}=\overline{np}+3\sqrt{\overline{np}(1-\overline{p})}$ $\mathrm{CL}=\overline{np}$ $\mathrm{LCL}=\overline{np}-3\sqrt{\overline{np}(1-\overline{p})}$	
计数值控制图（泊松分布）	u	单位缺陷数控制图	$\mathrm{UCL}=\overline{u}+3\sqrt{\overline{u}/n}$ $\mathrm{CL}=\overline{u}$ $\mathrm{LCL}=\overline{u}-3\sqrt{\overline{u}/n}$	
	c	缺陷数控制图	$\mathrm{UCL}=\overline{c}+3\sqrt{\overline{c}}$ $\mathrm{CL}=\overline{c}$ $\mathrm{LCL}=\overline{c}-3\sqrt{\overline{c}}$	

注：表中各系数见表 6-20。

表 6-20　控制图系数选用

样本 n	2	3	4	5	6	7	8	9	10
A_2	1.880	1.023	0.729	0.577	0.483	0.419	0.373	0.337	0.308
A_3	2.659	1.954	1.628	1.427	1.287	1.182	1.099	1.032	0.975
D_3	0	0	0	0	0	0.076	0.136	0.184	0.223
D_4	3.267	2.574	2.282	2.115	2.004	1.924	1.864	1.816	1.777
$m_3 A_2$	1.880	1.187	0.796	0.691	0.549	0.509	0.432	0.412	0.363
d_2	1.128	1.693	2.059	2.326	2.534	2.704	2.847	2.970	3.078
E_2	2.660	1.772	1.457	1.290	1.184	1.109	1.054	1.010	0.975

2. 控制图的选用

控制图的选用流程如图 6-14 所示。

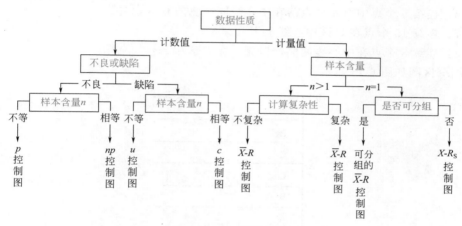

图 6-14　控制图选用流程

其中，$\overline{X}$-R（均值-极差）控制图与 p（不合格品率）控制图分别为计量值数据和计数值数据应用最多的两种控制图。

八、控制图的观察与分析

1. 判稳原则

判定过程处于稳定状态的标准可归纳为以下两条：控制图上的点不超过控制界限；控制图上点的排列分布没有缺陷。

凡是点恰在控制界限上的，均视为超出控制界限。当连续 25 点都在控制界限内，或连续 35 点中仅有 1 点超出控制界限，或连续 100 点中不多于 2 点超出控制界限时，也可视为基本处于控制状态。

稳态控制图的控制界限可以作为以后生产过程或工作过程进行控制所遵循的依据。

2. 判异准则

① 判异准则有两类：点出界就判异；界内点排列不随机就判异。

典型情况如下。

链状排列：在中心线一侧连续出现 7 点；连续 11 点中至少 10 点在同一侧；连续 17 点中至少 14 点在同一侧；连续 20 点中至少有 16 点在同一侧。$\overline{X}$-R 控制图出现这种情况的原因通常是分布中心偏移。

"趋势"排列：7点连续上升或下降。形成原因是存在某种趋势的因素，如刀具磨损、原材料失效等。

周期性排列：点的排列呈一定的周期性。

靠近控制线排列：把中心线与控制线中间三等分，连续3点中有2点在最外侧的1/3带状区域内。

② 常规控制图的国家标准GB/T 4091—2001的8种判异准则。

准则1：一点落在A区以外。

准则2：连续9点落在中心线同一侧。

准则3：连续6点递增或递减。

准则4：连续14个点中相邻点上下交替。

准则5：连续3个点中有2个点落在中心线同一侧的B区以外。

准则6：连续5个点中有4个点落在中心线同一侧的C区以外。

准则7：连续15个点在C区中心线上下。

准则8：连续8个点在中心线两侧，但无一在C区中。

控制图分区图如图6-15所示。

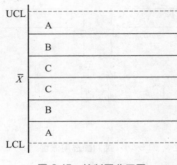

图 6-15　控制图分区图

九、使用控制图的注意事项

① 不能用规格线或规格范围的3/4线来代替控制线。

② 控制对象应具有定量指标，且过程必须具有重复性。

③ 抽样的间隔时间应从过程中系统因素发生的情况、处理问题的及时性等技术方面来考虑。

④ 控制图应在生产现场及时分析。当控制图报警后，先从取样、读数、计算、打点等问题检查无误后，再查其他原因。

⑤ 当生产条件已发生变化，或控制图已使用了一段时间，就必须重新核定控制图。

⑥ 控制图能起预防作用，但不能解决生产条件的优化问题。

⑦ 当工序能力指数达不到要求时（C_P值小于1），不能使用控制图。

案例分析一：$\overline{X}$-R 控制图的制作

案例：某厂要求对汽车发动机活塞环直径的加工过程建立 $\overline{X}$-R 控制图进行控制。试建立该特性值的 $\overline{X}$-R 控制图，并加以分析。

$\overline{X}$-R 控制图的建立过程如下。

步骤1：收集和整理数据。每隔一定时间抽一次样，每个样本为5个样品，共抽25个样本，测得的数据见表 6-21。

表 6-21　汽车发动机活塞环直径数据记录表　　　　　　mm

序号	实测值					$\overline{X}_i$	R_i
	X_1	X_2	X_3	X_4	X_5		
1	74.030	74.002	74.019	73.992	74.008	74.010	0.038
2	73.995	73.992	74.001	74.001	74.011	74.000	0.019
3	73.988	74.024	74.021	74.005	74.002	74.008	0.036
4	74.002	73.996	73.993	74.015	74.009	74.003	0.022
5	73.992	74.007	74.015	73.989	74.014	74.003	0.026
6	74.009	73.994	73.997	73.985	73.993	73.996	0.024
7	73.995	74.006	73.994	74.000	74.005	74.000	0.012
8	73.985	74.003	73.993	74.015	73.988	73.997	0.030
9	74.008	73.995	74.009	74.005	74.004	74.004	0.014
10	73.998	74.000	73.990	74.007	73.995	73.998	0.017
11	73.994	73.998	73.994	73.995	73.990	73.994	0.008
12	74.004	74.000	74.007	74.000	73.996	74.001	0.011
13	73.983	74.002	73.998	73.997	74.012	73.998	0.029
14	74.006	73.967	73.994	74.000	73.984	73.990	0.039
15	74.012	74.014	73.998	73.999	74.007	74.006	0.016
16	74.000	73.984	74.005	73.998	73.996	73.997	0.021
17	73.994	74.012	73.986	74.005	74.007	74.001	0.026
18	74.006	74.010	74.018	74.003	74.000	74.007	0.018
19	73.984	74.002	74.003	74.005	73.997	73.998	0.021
20	74.000	74.010	74.013	74.020	74.003	74.009	0.020
21	73.998	74.001	74.009	74.005	73.996	74.002	0.013
22	74.004	73.999	73.990	74.006	74.009	74.002	0.019
23	74.010	73.989	73.990	74.009	74.014	74.002	0.025
24	74.015	74.008	73.993	74.000	74.010	74.005	0.022
25	73.982	73.984	73.995	74.017	74.013	73.998	0.035
均值($\overline{\overline{X}},\overline{R}$)			74.001			0.0224	

步骤 2：计算各组样本的平均值 $\overline{X}_i$，见表 6-21。

步骤 3：计算各组样本极差 R_i，见表 6-21。

步骤 4：计算样本总均值和样本平均极差：$\overline{\overline{X}}=74.001$，$\overline{R}=0.0224$。

步骤 5：计算 R 图与 $\overline{X}$ 图的控制线。计算 $\overline{X}$-R 图应该从 R 图开始，因为 $\overline{X}$ 图的控制界限中包含 $\overline{R}$，所以若过程的波度失控，则计算出来的这些控制界限将失去意义。

由表 6-20 可知，当样本大小 $n=5$ 时，$D_3=0$，$D_4=2.115$，$A_2=0.577$，代入 R 图控制线计算公式，得 R 图的控制线为

$$\mathrm{UCL}=D_4\overline{R}=2.115\times0.0224=0.0474$$

$$\mathrm{CL}=\overline{R}=0.0224$$

$$LCL=D_3\overline{R}=0$$

把 A_2 值代入 $\overline{X}$ 图控制线计算公式，得 $\overline{X}$ 图的控制线为

$$UCL=\overline{\overline{X}}+A_2\overline{R}=74.001+0.557\times0.0224=74.014$$

$$CL=\overline{\overline{X}}=74.001$$

$$LCL=\overline{\overline{X}}-A_2\overline{R}=74.001-0.557\times0.0224=73.988$$

步骤 6：作 R 图，把各样本的 R 数据值描点，根据判稳准则可知，R 图处于统计稳态，因此，可以继续作 $\overline{X}$ 图，并把各组 $\overline{X}$ 值描点到 $\overline{X}$ 控制图上。最后，作出的 $\overline{X}$-R 控制图（图 6-16）。

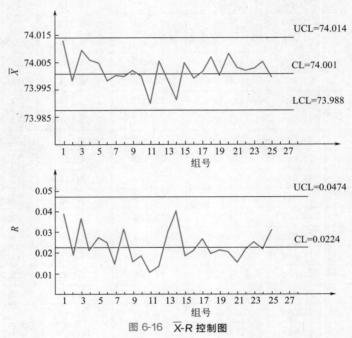

图 6-16　$\overline{X}$-R 控制图

步骤 7：$\overline{X}$-R 控制图的分析判断。从图 6-16 可以看出，R 图与 $\overline{X}$ 图各点分布正常。根据判稳准则，过程处于稳态，因此，此 $\overline{X}$-R 控制线可以延长，作为控制用控制图供日常管理使用。

案例分析二：p 控制图的制作

不合格品率 p 控制图表示的是不合格品在制造中所占的比例。如果 p 控制图的点超出上限，即表示不合格品率增大，就要注意查找原因采取措施进行控制。p 控制图是计数值控制图比较典型的一种控制图，统计基础为二项分布。

案例：某厂某月份某种产品的数据见表 6-22，根据过去的记录得知，稳定状态下的平均不合格品率 $\overline{p}=0.0389$，作控制图对其进行控制。

步骤 1：收集整理数据，见表 6-22。

步骤 2：计算各组样本不合格品率 p_i

$$p_i=\frac{D_i}{n_i}$$

$$p_1=\frac{D_1}{n_1}=\frac{2}{85}=0.024\text{（其余类推）}$$

表 6-22　p 图的数据与计算表

组　号	样本量	不合格品数 D	不合格品率 p_i	p 图的 UCL
1	85	2	0.024	0.102
2	83	5	0.060	0.103
3	63	1	0.016	0.112
4	60	3	0.050	0.114
5	90	2	0.022	0.100
6	80	1	0.013	0.104
7	97	3	0.031	0.098
8	91	1	0.011	0.100
9	94	2	0.021	0.099
10	85	1	0.012	0.099
11	55	0	0	0.117
12	92	1	0.011	0.099
13	94	0	0	0.099
14	95	3	0.032	0.098
15	81	0	0	0.103
16	82	7	0.085	0.103
17	75	3	0.04	0.106
18	57	1	0.018	0.116
19	91	6	0.066	0.100
20	67	2	0.030	0.110
21	86	3	0.035	0.101
22	99	8	0.080	0.097
23	76	1	0.013	0.105
24	93	8	0.086	0.099
25	72	5	0.069	0.107
26	97	9	0.093	0.098
27	99	10	0.100	0.097
28	76	2	0.026	0.105

步骤 3：计算 $\overline{p}$。

$$\overline{p} = \frac{\sum\limits_{i=1}^{m} D_i}{\sum\limits_{i=1}^{m} n_i} = \frac{90}{235} = 0.0389$$

步骤 4：计算 p 图的控制线。代入 p 图的控制线计算公式（表 6-19），得到 p 的控制线，由于本例中各个样本大小 n_i 不相等，所以需要对各个样本分别求出其控制界限。对于第一个样本 $n_1 = 85$，第一个样本的控制界限为

$$UCL = \bar{p} + 3\sqrt{\bar{p}(1-\bar{p})/n_i}$$
$$= 0.0389 + 3 \times \sqrt{0.0389 \times (1-0.0389)/85} = 0.102$$
$$CL = \bar{p} = 0.0389$$
$$LCL = \bar{p} - 3\sqrt{\bar{p}(1-\bar{p})/n_i} = 0.0389 - 3 \times \sqrt{0.0389 \times (1-0.0389)/85}$$
$$= -0.024$$

这里，LCL 取负值，由于 p 不可能为负，故取零件作为 p_1 的自然下界，并计以 LCL。其余各个样本依此类推，并对各个样本不合格品率进行描点（图 6-17）。

注意，图 6-17 中的横轴就被取为自然下界，下控界 LCL 与自然下界是不同的。从本例可以看出控制线是呈凹凸变化的。

步骤 5：为了判断过程是否处于稳定状态，将各个样本不合格品率绘在图 6-17 中。

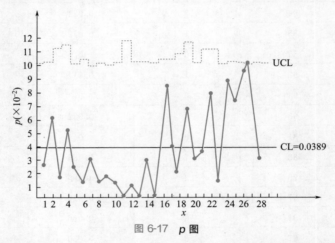

图 6-17　p 图

步骤 6：判断过程是否稳定。由于第 27 个样本的点出界，所以过程失控，找出异常因素并采取措施保证它不再出现。然后重复步骤 1 到步骤 5，直到过程稳定为止，这时 p 图作为控制用控制图供日常管理使用。

任务 23　变速箱检测与 PDCA 质量改进

素质目标

① 培养学生踏实严谨的治学态度。
② 培养学生主动解决问题的意识。
③ 培养学生精益求精的大国工匠精神。
④ 激发学生科技报国的家国情怀和使命担当。

知识目标

① 了解箱体的结构特点及检测方法的选择。
② 掌握质量改进方法——PDCA 循环的工作过程、工作方法和工作步骤。

能力目标

① 能合理选择箱体尺寸的检测量具。

② 能运用常规测量工具和三坐标测量仪实施检测。

③ 能运用 PDCA 循环的工作方法进行质量改进活动。

任务描述

分析箱体零件图（图 6-18）技术要求，针对如下检验项目确定检测方案，选择量具，编制检验计划。

① 同轴度检测：孔 $\phi 113^{+0.035}_{0}$、$\phi 62^{+0.03}_{0}$、$\phi 72^{+0.04}_{+0.01}$、$\phi 80^{+0.03}_{0}$。

② 平行度检测：孔 $\phi 113^{+0.035}_{0}$ 的轴线与孔 $\phi 62^{+0.03}_{0}$ 和 $\phi 80^{+0.03}_{0}$ 的轴线、孔 $\phi 25^{+0.02}_{0}$ 轴线与 $\phi 80^{+0.03}_{0}$ 和 $\phi 62^{+0.03}_{0}$ 轴线。

③ 垂直度检测：基准面 T 与 T_1 的垂直度。

④ 内径检测：$\phi 25^{+0.02}_{0}$、$\phi 37^{+0.025}_{0}$。

根据检验计划实施检测，记录检测数据，并判断零件是否合格；针对变速箱的质量问题，运用 PDCA 方法制定质量改进计划。

任务实施

① 制定检验计划：分析图纸，分组确定检测方案、选择量具，编制检验计划表。

② 编制质量表格：编制检验记录表、不合格项目统计表。

③ 项目检验：根据检验计划实施检测，记录检测数据，并判断零件是否合格。

④ 质量分析及改进计划：针对变速箱质量问题，运用 PDCA 工作方法制定质量改进计划。

知识拓展

一、箱体结构特点

箱体零件将轴、套和齿轮等零件组装在一起，使其保持正确的相互位置关系，彼此能按一定的传动关系协调地运动，达到设计目的。箱体形式多样，但仍有许多共同特点：壁薄且不均匀，内部呈腔形，在箱壁上有许多精度较高的轴承支承孔和平面需要加工。一般有如下内容。

① 底座的底面与对合面必须平行，一般有误差要求。

② 对合面的表面粗糙度较小，通常情况下会对 Ra 值进行限定，如小于 $1.6\mu m$。

③ 轴承孔要求较高，一般其公差带为 H，精度等级为 IT7 左右，且会对 Ra 值进行限定，通常 $Ra < 1.6\mu m$，几何公差有圆柱度误差，通常其误差值不超过孔径公差之半，还有轴承孔的圆度、同轴度、平行度等公差要求。

④ 主要平面有平面度公差要求。

除此之外，还有箱体的部分螺纹孔的位置度公差要求。箱体通常情况下是铸造件，因此其技术要求一般是时效处理或退火处理。

二、质量改进

1. 基本概念

质量保持——通过质量控制，保证已经达到的质量水平。

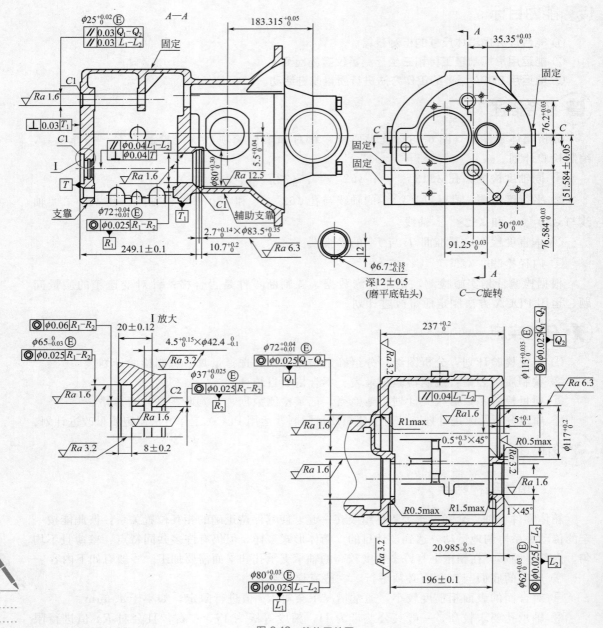

图 6-18　箱体零件图

质量改进——将质量提高到一个新的水平。包括提高设计质量和制造质量两个方面。提高制造质量即为提高符合性质量。

质量保持的重点是充分发挥现有的质量保证能力保持已经达到的符合性水平；质量改进的重点则是提高质量保证能力，使符合性质量达到一个新的水平。企业就是通过保持—改进—保持—改进的不断循环来不断提高产品质量的。

偶发性故障——也称急性故障，是由于系统性因素造成的质量突然恶化。需要通过"治疗"使其恢复原状。

经常性故障——又称慢性质量故障，即质量现状长期处于"不良"状态，可以采取一些措施来改变现状使之达到新的水平。其特点是：原因不明，其影响不易被人发觉，不立即采取纠正措施也过得去，但长此以往会严重影响企业的素质和经济效益。

2. 质量改进的程序

① 质量改进的必要性论证。

② 课题选定。

③ 取得上级领导的核准。

④ 组成质量改进的组织，确定人员。

⑤ 进行诊断，找出原因，制定改进措施。

⑥ 克服阻力，实施改进措施。

⑦ 验证改进效果。

⑧ 在新水平上进行控制，巩固成果。

3. 组织质量改进的基本方法——PDCA 循环

"计划（P）—执行（D）—检查（C）—总结（A）"是质量改进和做各项工作必须经过的四个阶段，并不断循环下去，故称 PDCA 循环。

（1）PDCA 循环四个阶段的基本工作内容

① P 阶段：就是要以提高质量，降低消耗为目标，通过分析诊断，制定改进的目标，确定达到这些目标的具体措施和方法。

② D 阶段：按照已制定的计划内容，克服各种阻力，扎扎实实地去做，以实现质量改进的目标。

③ C 阶段：对照计划要求，检查、验证执行的效果，及时发现计划过程中的经验及问题。

④ A 阶段：把成功的经验加以肯定，制定成标准、规程、制度，巩固成绩，克服缺点。

这四个阶段又具体分为八个步骤。

第一步：分析现状，找出存在的主要质量问题。注意要用数据说话，使用的方法主要有调查表、排列图、直方图、控制图等。

第二步：诊断分析产生质量问题的各种影响因素。一般从人、机、料、法、环几个方面考虑，使用的方法有因果分析图。

第三步：找出影响质量的主要因素。使用的方法有排列图、散布图等。

第四步：针对影响质量的主要因素，制定措施，提出改进计划，并预计其效果。制定措施和活动计划应具体、明确，即明确 5W1H（为什么要订这个计划、预计达到什么目标、在哪里执行、由谁执行、何时开始、何时完成、如何执行）。

第五步：按既定的计划执行措施。

第六步：根据改进计划的要求，检查、验证实际执行的结果，看是否达到了预期的效果。

第七步：根据检查的结果进行总结，把成功的经验和失败的教训都纳入有关的标准、制度和规定之中，巩固已经取得的成绩，同时防止重蹈覆辙。

第八步：提出这一循环尚未解决的问题，把它们转到下一次 PDCA 循环的第一步去。

（2）PDCA 循环管理工作方法的特点

① 大环套小环，互相促进。

② 不断循环上升，四个阶段要周而复始地转动，而每一次转动都有新的内容和目标。

③ 推动 PDCA 循环，关键在于"总结"阶段。

参 考 文 献

[1] 孔庆玲.公差配合与技术测量.北京：清华大学出版社，2009.

[2] 王立新，王樑.公差配合与技术测量.重庆：西南师范大学出版社，2009.

[3] 郭桂萍，耿南平.公差配合与技术测量.北京：北京航空航天大学出版社，2010.

[4] 胡照海.公差配合与测量技术.北京：人民邮电出版社，2006.

[5] 刘越.公差配合与技术测量.北京：化学工业出版社，2004.

[6] 忻良昌.公差配合与测量技术.北京：机械工业出版社，2011.

[7] 王萍辉.公差配合与技术测量.北京：机械工业出版社，2009.

[8] 董燕.公差配合与测量技术.北京：中国人民大学出版社，2008.

[9] 吕天玉.公差配合与测量技术（机电类）.3版.大连：大连理工大学出版社，2008.

[10] 黄云清.公差配合与测量技术.2版.北京：机械工业出版社，2010.

[11] 姚云英.公差配合与测量技术.2版.北京：机械工业出版社，2011.

[12] 熊建武，张华.机械零件的公差配合与测量.大连：大连理工大学出版社，2010.

[13] 吕永智.公差配合与技术测量.2版.北京：机械工业出版社，2008.

[14] 徐茂功.公差配合与技术测量.3版.北京：机械工业出版社，2008.

[15] 全国技术产品文件标准化技术委员会，中国标准出版社第三编辑室.技术产品文件标准汇编.机械制图卷.第2版.北京：中国标准出版社，2009.

[16] 朱士忠.精密测量技术常识.2版.北京：电子工业出版社，2009.

[17] 张秀珍.机械加工质量控制与检测.北京：北京大学出版社，2008.

[18] 阮喜珍.现代管理质量实务.武汉：武汉大学出版社，2009.

[19] 李华森等.产品质量检验监管统计技术.北京：中国标准出版社，2008.

[20] 张凤荣.质量管理与控制.北京：机械工业出版社，2006.

[21] 于慧.互换性与技术测量基础.北京：化学工业出版社，2014.